ネコの「困った!」を解決する

むやみにひっかくのを止めるには?
尿スプレーをやめさせる方法は?

壱岐田鶴子

著者プロフィール

壱岐田鶴子（いき たづこ）

獣医師。神戸大学農学部卒業後、航空会社勤務などを経て渡独。2003年、ミュンヘン大学獣医学部卒業。2005年、同大学獣医学部にて博士号取得。その後、同大学獣医学部動物行動学科に研究員として勤務。動物の行動治療学の研修をしながら、おもにネコのストレスホルモンと行動について研究する。2011年から、小動物の問題行動治療を専門分野とする獣医師として開業。

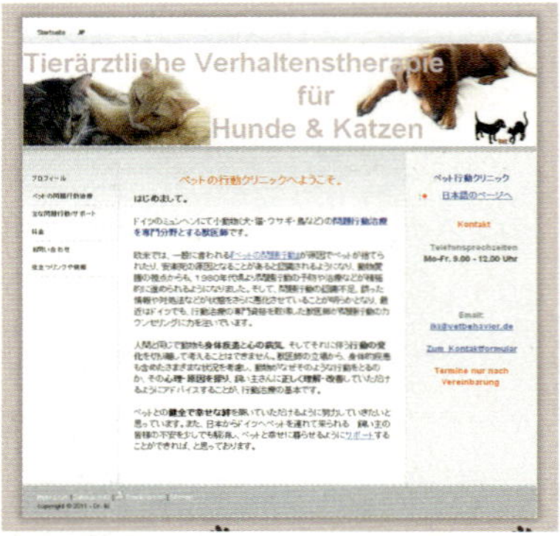

http://www.vetbehavior.de/jp/

本文デザイン・アートディレクション：株式会社ビーワークス
イラスト：ms-work（ミューズ・ワーク）

はじめに

近年、ペットとして飼われるネコの飼育数は、欧米をはじめ日本でも増えており、イヌと並んで人気を二分しています。現在、日本で飼育されているネコやイヌの飼育数は、2010年10月の時点で、ネコ961万2,000頭、イヌ1,186万1,000頭（ペットフード協会調べ）にも達します。ネコは、イヌのように散歩に行く必要がないこと、比較的小さな場所でも飼えること、そしてなによりも「ネコ好き人間」が感じる、ネコならではの魅力があります。

人間に依存しながらも自立しており、人間になつきながらも、ときおり野性味あふれる姿を見せてくれ、ひょうきん者で優雅なネコの姿に、ネコ好き人間はいつしか魅了されるのです。しかし、ネコの数が増えるのにともない、**ネコの問題行動に悩んでいる飼い主の数が急増している**ことも事実です。

飼いイヌが公共の場で吠えたり、攻撃性を示したり、ほかのイヌや人を咬んだりするような深刻な問題が起これば、社会でペットの問題行動への関心が高まります。飼い主は、獣医師に相談したり、あわててドッグスクールを訪れたり、解決できない場合は、イヌの飼育を断念せざるをえないことにもなりかねません。

ネコの問題行動は、イヌよりもさほど深刻でないと思われがちですが、室内のみで生活するネコが飼いネコ全体の約80%を占め、ネコと人間の関係がより親密となりつつある近年、尿スプレー、ネコ同士のけんか、飼い主への攻撃性といった、飼いネコの問題行動が、実際に日常生活に支障をきたすまでに発展することも少なくありません。どこに相談してよいかわからない飼い主が、ネコを負担に思い、思いあまって捨ててしまう、などの悲しい結末を迎えることにもなりかねません。

しかし、ネコ本来の行動を理解し、要求に応え、ネコが満足できる豊かな生活環境を整えてあげる――そんな些細なことがネコの問題行動を解決する糸口となり、**問題行動を未然に防ぐ**ことにもなるのです。ネコの問題行動にはかならず理由があります。問題行動を叱る前に、ネコが発する些細なサインを見逃してはいけません。

本書では、実際にネコに多い問題行動、問題行動が起こる原因、対策法について説明していきます。実際に私自身が扱ったネコの問題行動のケースも取り上げています。しかし、「ネコのキャラクターは、ネコの数だけある」といっても過言ではありません。それが、ネコ好きにはたまらない魅力でもあるのですが、同じ対処法でも、個々のネコの気質により反応はさまざまです。問題行動解決への対策や、それにかかる時間がネコによって違うことも考慮してください。

一般的には、問題行動が始まってからの時間が短いほど(飼い主が早めに対処するほど)、問題解決までの時間も短くなります。とはいえ、焦りは禁物です。ネコとの根比べという気持ちで気長にかまえてください。試行錯誤するうちに、**かならず解決策は見つかります**。

本書は、あなたが現在飼っているネコが抱えている問題行動の解決策を解説した章から読んでいただいてもかまいませんが、最初から最後まで読んでいただければ、これからネコを飼おうと思っている人、現在ネコを飼っている人にも問題行動を未然に防ぐヒントがあるはずです。最後の第6章では、一般的な問題行動の実践対策をまとめています。この本に載っていないネコの問題行動で悩んでいる飼い主さんもぜひ参考にしてください。

この本が、「うちのネコは変なんじゃないか?」「うちのネコはなんでこんなことするんだろう?」と、1人悩んで困っている飼い主さんに役立ち、生活に安らぎを与えてくれる愛しいネコとの暮らしが、人間にとってもネコにとっても快適になれば幸いです。より幸せなネコ、幸せなネコの飼い主さんが増えれば、この本を書いた目的は十分はたされたと思っています。

最後になりましたが、的確でかわいらしいイラストを描いていただいたms-workさん、科学書籍編集部の石井顕一さんに、心より御礼申し上げます。

2012年2月　壱岐田鶴子

ネコの「困った！」を解決する

むやみにひっかくのを止めるには？ 尿スプレーをやめさせる方法は？

CONTENTS

CONTENTS

第1章

ネコの問題行動とは？

1-1 ネコの問題行動とは？

室内のあちこちにおしっこする、同居ネコとけんかする、家具をひっかく、手足に咬みつく、夜中にうるさく鳴く――これらはネコの「困った行動」、つまり「**問題行動**」としてよく挙げられます。

でも、本当に問題行動なのでしょうか？

これらの行動は、本来のネコの本性・習性で、問題行動というより、飼い主が望まない、**飼い主にとって都合の悪い行動**といったほうがよいかもしれません。

たとえば、自然界で生活するネコの基本的な行動を思い浮かべてみてください。

基本的な行動とは、食べることを目的とする捕食行動・食行動、眠ったり体を休める休息行動、おしっこやうんちをする排泄行動、聴覚・視覚・嗅覚、体の動きなど、あらゆる手段を使ってネコ同士や人間とコミュニケーションをとる社会行動、あたりをうかがう探索行動、子孫を残すための繁殖行動、毛づくろいなど自分の体の快適さを増す慰安行動――といったものです。

ネコが、自然の中で木を使い自分の爪をといでもなんの問題もありませんが、室内で飼われているネコがソファーをひっかけば、飼い主が望まない行動になるでしょう。ネコが机の下でぶらぶらさせている飼い主の足を、獲物に見立てて跳びかかれば、やはり飼い主が望んでいない、都合の悪い困った行動になるでしょう。

室内で飼われているネコが、自然界ではあたり前の行動をとったとき、その行動が飼い主によって「**問題あり**」と認識されれば、飼い主にとっての問題行動となってしまうのです。

ネコの基本行動

ネコの基本行動はさまざま。問題行動かどうかは、飼い主の考え方にもよる

問題行動と異常行動は違う

本来、問題行動を厳密に定義するなら、同じ行動を意味もなく繰り返したりする常同行動などの**異常行動**と、飼い主が望まない、**飼い主にとって都合の悪い行動**とは、はっきり区別しなければなりません。

重度の常同行動や神経症が原因で起こる重度の不安、突然の攻撃行動などは、**脳内の神経伝達物質（セロトニン、ノルアドレナリン、ドーパミンなど）の調節がうまくいかずに起こる**こともあります。このような場合は、これらの物質を調節するための薬物治療が必要な場合もありますから、早めに専門の獣医師に相談すべきでしょう。

しかし、一般に問題行動と呼ばれている、飼い主が望まない、飼い主にとって都合の悪い行動は、ほとんどの場合が、**ネコにとっては正常な行動**です。飼い主の間違った対応でネコが誤って学習した場合も多く見られます。飼い主がネコの行動や学習理論について理解を深め、ネコが精神的にも肉体的にも満足できるような、豊かな生活環境を整えることで、ほとんどの問題行動は解決するのです。

ぬすみ食いを「学習」することもある

問題行動の定義と解決までの流れ

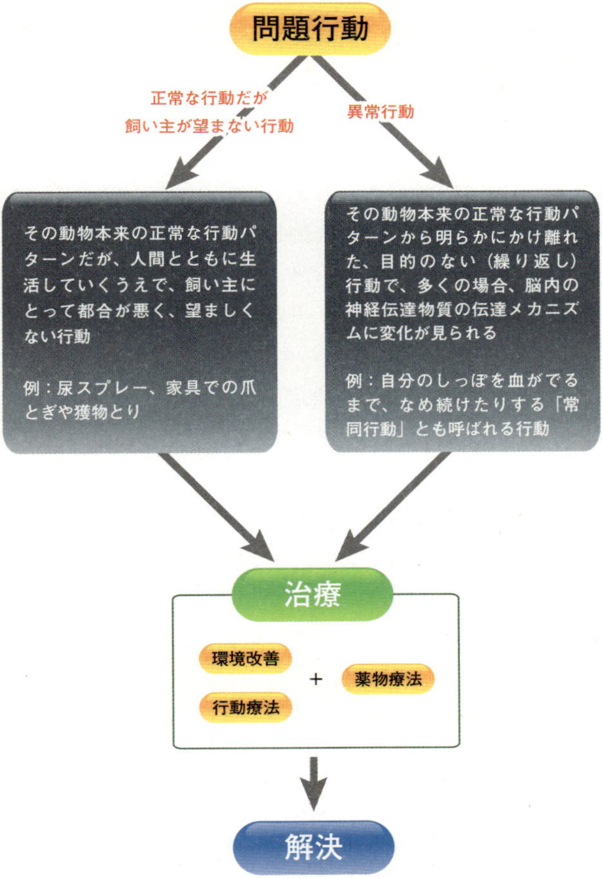

1-2 問題行動が起こる理由①
身体疾患、ストレス

身体疾患

飼いネコに問題行動があると思ったら、まずかかりつけの獣医師にかならず病気やケガのチェックをしてもらいましょう。なぜなら、ネコが問題行動を示すのは、どこかに痛みやかゆみがあったり、高齢にともなう関節や視聴覚の衰え、思わぬ病気やケガが隠されていることも多いからです。

特にネコが突然、問題行動を見せたら、叱ったりせずに、まず**体のどこかに痛みがあるかもしれない**ということを疑わなければなりません。たとえば、ひざの関節に痛みがあり、そのためにトイレでしゃがむことができず、トイレの外でおしっこしてしまうことがあります。体に痛みがあるため、飼い主がさわろうとすると威嚇して攻撃性を示すネコもいます。ネコはイヌに比べると痛みがあっても鳴くことが少なく、静かにうずくまって隠れたりする場合がとりわけ多く見られ、飼い主も見逃しがちです。

また、ネコの医学の進歩や、飼い主のネコの健康管理への意識や知識が向上して高齢のネコが増えた近年、ネコにも**認知機能障害**の症状が現れることがあります。トイレの場所や時間の感覚がわからなくなったり、意味もなく夜中に鳴き続けたり、同じ場所を目的もなくウロウロしたり、食べたことを忘れて何度も食餌をねだったりするなどの症状です。

ネコの健康状態の変化は、まず日ごろの様子や行動に、些細な変化として現れます。それに気がついてあげられるのは、ネコと日ごろからいっしょに暮らす**飼い主以外にはありません**。いつもネコとスキンシップをとり、ネコの行動を観察することは、ネコの健康管理にもつながります。

身体疾患が原因のこともある

ケガを隠すネコはイヌよりも多い

認知機能障害で忘れっぽくなることも

ネコも高齢になれば、人間と同じように認知機能障害を発症することがある

ストレス

現代はストレス社会などともいわれ、「最近、ストレスで体調が悪くて――」などという人も多くいます。実際、強い精神的なストレスを受けて食欲がなくなったり、不眠になったりは多くの方が経験したことがあるでしょう。しかし、ストレスという言葉はひんぱんに耳にするにもかかわらず、定義するのは意外に難しいのです。

ストレスがかかっている状態とは、生体に**ストレッサー**と呼ばれる、なんらかの外的刺激が加えられたときに生体に起こる自律神経系、内分泌系、免疫系の一連の反応（ストレス反応）を引き起こす状態のことです。

体内では外的刺激に対応して、自律神経系の交感神経や視床下部－脳下垂体－副腎軸という経路に「緊急事態発生」というシグナルが流れます。すると、アドレナリンやノルアドレナリン、コルチゾールというストレスホルモンが放出され、心拍数や血圧、血糖値が上がり、筋肉も緊張します。体中が「**戦闘モード**」となって、ストレス状態に立ち向かい、ふたたび体を平静状態に戻そうと努力します。

一般的にストレスという言葉は、外的刺激を意味するストレッサーや、それに対するストレス反応をひっくるめて使われていることが多いでしょう。

過剰なストレスやストレスが長期にわたって続き、適応できる個々の許容範囲を超えれば、体の免疫力が落ち、病気にかかりやすくなったり、繁殖力が低下したり、うつ状態に陥ったりします。**生理学上だけでなく、行動の変化にも顕著に現れる**ようになるのです。

ストレスは、人間だけでなくネコも感じています。ネコは規則正しい生活を愛しますので、予期できず、自分でコントロールできない突然の環境の変化にとりわけ強くストレスを感じます。た

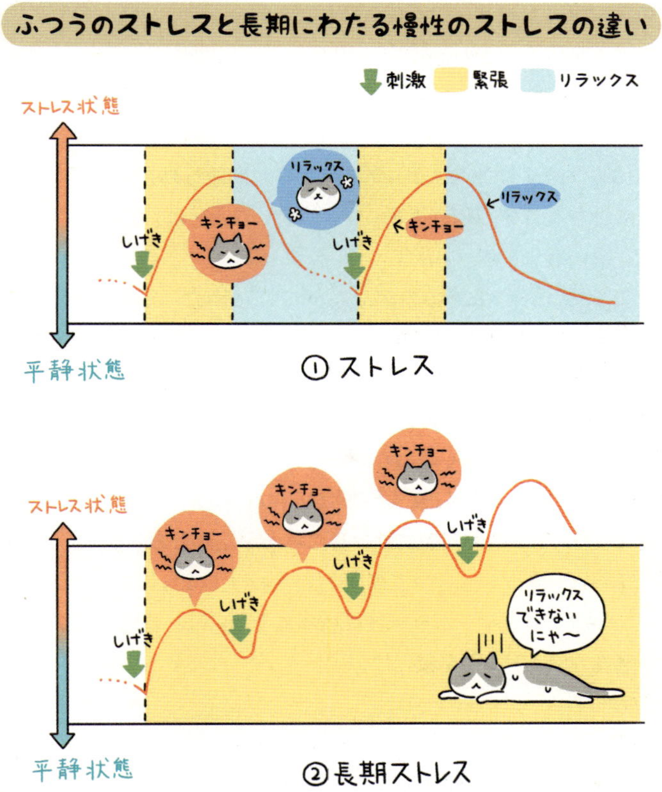

①体の平静状態を基準にすると、通常はストレスとなる刺激が加えられても、ストレス反応により緊張は緩和され、平静状態に戻る
②ストレスとなる刺激が、平静状態に戻る前に繰り返し加えられれば、ストレス状態が長期にわたって続き(慢性のストレス状態)、平静状態に戻ることが難しくなる。すると身体面や精神面にもなんらかの支障が生じ、行動の変化としても現れる

とえば、引っ越し、赤ちゃんの誕生、新入りネコの登場、家族の長期不在などが挙げられます。

しかし、ネコは些細な環境の変化、たとえば、飼い主の出勤・帰宅時間の変化、不規則な食餌時間、来客（特に小さな子ども）、騒音、**飼い主自身のストレスなどにも敏感にストレスを感じています**。同居ネコとの不安定な関係からくる緊張や不安感、周りをうろうろするノラネコへの不安感などからくる社会的なストレスがきっかけとなり、問題行動が起こり始めることも多いのです。

長期に続く慢性のストレスは、ネコの問題行動だけでなく、身体疾患を起こす原因にもなっています。たとえば、膀胱炎など泌尿器系の病気です。

なにがストレスになるのか、ストレスにどれだけ適応できるのかは、個々のネコによって大きく差があります。一般的に来客は多くのネコ、特に臆病なネコにとっては大きなストレスになりますが、心地よい気分転換と感じて歓迎するようなネコもいます。また、何事にも動じないネコがいるのも事実です。ネコの様子から、実際のネコのストレス度を判断するのは容易ではありませんが、これらのストレスの兆候には、日ごろから注意しましょう。

なお、ストレスはいつも悪者というわけではありません。ストレスへの適応力を、ある程度維持するためには、日常生活のなかで適度なストレスが必要です。

ストレスの兆候

・ネコの探索行動、遊ぶ時間、人間との接触時間がいつもより短くなっていないか？
・毛づくろいの時間が極端に減ったり、逆に増えたりしていないか？
・休息する時間が減っていないか？
・食欲に変化（食欲がなかったり、逆に過度の食欲）がないか？
・さわられるのを嫌がったり、人間や同居ネコとの接触を避け、隠れてじっとしている時間が増えていないか？

よくあるストレスの原因

環境的な要因

引っ越しや家具の配置換え
気温（寒すぎ、暑すぎ）
騒音（工事など）
におい（洗剤、香水など）
不満足な寝場所、トイレ、爪とぎ場所など
食餌（不規則な食餌や、食餌の質や量への不満）
刺激のない退屈な環境

社会的な要因

新入りネコや、同居ネコとの緊張した関係
ノラネコの出没（窓から見えたり、においがする）
パートナーとなるネコ探し（去勢、避妊手術をしていない場合）
家族構成の変化（飼い主の結婚や赤ちゃんの誕生など）
飼い主との問題（かまいすぎ、またはかまわなすぎ）
飼い主自身のストレスや家庭内の緊張

病気

病気自体
動物病院に行くこと

1-3 問題行動が起こる理由②
不十分な社会化、環境や遺伝要因

不十分な社会化

生まれたばかりの子ネコは、さまざまな環境の影響を受けながら、**4期にわたる発達期**を経て、成ネコへと成長していきます。その2期目の移行期と3期目の社会化期を合わせた「ネコの社会化期」（生後2～8週齢）とも呼ばれる時期に、子ネコは母ネコや兄弟ネコと十分に接触したり、遊んだりすることでたくさんのことを学びます。

この、社会環境に適応しやすい柔軟な時期に、五感（視覚、聴覚、嗅覚、触覚、味覚）をフル活用して、さまざまな刺激を環境から吸収し、いろいろなタイプの人間（男、女、子ども、老人）やほかの動物とふれ合う機会をもてれば、子ネコは成長してからさまざまな状況に適応する能力を身につけられます。

子ネコを、早い時期に母ネコから離し、人間の手元に置くほうが、人間になつきやすいと考えがちですが、子ネコは、最低で

十分な社会化が重要

イヌとだって仲よくできる

も8週齢まで（できれば生後12週齢まで）、母ネコや兄弟ネコと過ごさせることをおすすめします。そうすれば、のちにほかのネコとうまくつき合っていけるだけでなく、より柔軟性のある精神的に安定したネコ、つまり人間にもなつきやすいネコに育つ可能性が高くなります。

もちろん、同時に人間とも十分にふれ合う時間をもたなければなりません。ほかの動物に関しても、生後12週齢までにいっしょに飼育すれば、一定の動物（イヌなど）を怖がったり、獲物（ネズミ、鳥など）を狙ったりすることがなくなる場合もあります。

子ネコの行動発達期

・新生期（1期）：生まれてから生後2週目まで

生後約7日ごろにやっと目が開き始め、14日目ごろまでに完全に目が開き、耳も聞こえるようになります。この時期は、体温調節ができず、母ネコなしでは生きられません。

まだ1匹では生きられない

・移行期（2期）：生後2〜3週目

体温調節が徐々にできるようになり、自分の脚でもよちよち歩けるようになります。乳歯も生え始め、嗅覚も完全に発達し、母乳以外に遊び感覚で獲物（食餌）を食べるまねをしたりもします。

・社会化期（3期）：生後4〜8週目

生後4週目を過ぎれば、視覚・聴覚などが完全に発達し、排尿も徐々に自分でできるようになります。同時に体のバランスもじょうずにとれ、運動機能も発達し、そこら中を探索し兄弟ネコと遊びながらたくさんのことを学びます。固体物（食餌）を食べ始め、徐々に完全離乳するこの時期には、獲物を捕まえようとする生まれつきの捕食行動に磨きがかかり、この時期に食べたものは、以降のネコの食べ物の嗜好に大きく影響します。この時期は、**なにより仲間のネコや、ほかの動物、人間に対しての社会性が発達する時期**で、この時期に経験したことは、その後のネコの行動に大きな影響を与えます。

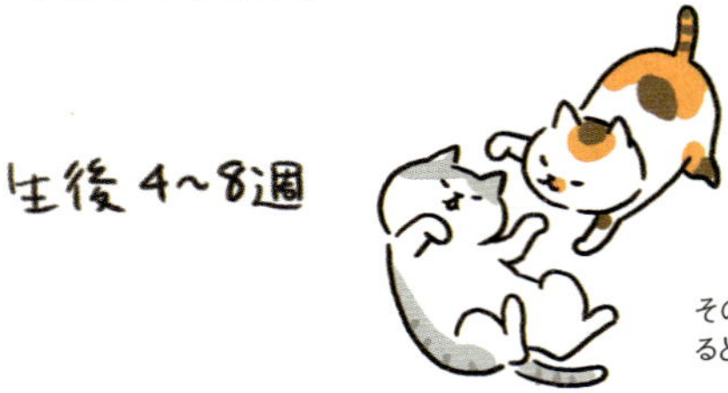

そのネコの性格などを決めるとても大切な時期だ

・若年期（4期）：生後9週目から7〜9カ月目まで

ネコが性的に成熟するまでのこの時期、ほかのネコや人間に対する社会性もさらに確固たるものになります。この時期を過ぎれば、大きな環境の変化や身体疾患がないかぎり、ネコのキャラクターが大きく変わることはほとんどないでしょう。

性格などはほぼ確定する

性格は「生まれ」か「育ち」か

ネコの行動に大きな影響を与えるのは、**遺伝要因**（生まれ）でしょうか？　**環境要因**（育ち）でしょうか？　コンラート・ローレンツらとともに、1973年にノーベル生理学賞を受賞したオランダ人の動物行動学者、ニコラス・ティンバーゲンは、「動物は100％遺伝的な要因、そして100％環境的な要因にもとづき行動する」と述べています。**行動は環境要因と遺伝要因とが相互に作用しながら発達**していくのです。

一般的に、ネコが刺激のない、退屈な生活環境で育てられれば、行動したいという欲求を満たせず、問題行動を起こす確率は高くなるでしょう。しかし、まったく同じ環境で育てても、問題行動を起こさないネコもいます。個体差が大きく、気質や遺伝的な要因が大きく関係しているからです。

たとえば、社会化する時期に人間と友好な接触があったにもかかわらず、人間に対していつまでもなれずに臆病な態度を示すネコがいます。これには父ネコの遺伝子が大きく影響しています。

人間に友好的な父ネコをもつ子ネコと、そうでない父ネコをもつ子ネコを、同じ条件下で飼育すると、人間に友好的でない父ネコをもつ子ネコは、父ネコと面識や接触がなくても、人間にはあまり友好的ではありません。逆に、人間に友好的な父ネコをもつネコは、人間に対しても友好的であるようです。ネコを繁殖させる場合は、母ネコだけでなく、父ネコの気質も十分に考慮したほうがよさそうです。

ネコ種によっても、問題行動が見られる頻度に差があるようです。ペルシャネコは、トイレ以外の場所での排泄行動、シャム、アビシニアンは、人間やほかのネコに対する攻撃的な行動、シャム、バーミーズなどは、食べられないもの（毛糸など）を咬んだり飲み込んだりする問題行動を示す比率が、ほかのネコ種に比べて高いという研究結果も報告されています。

環境も遺伝もネコに大きな影響を与える

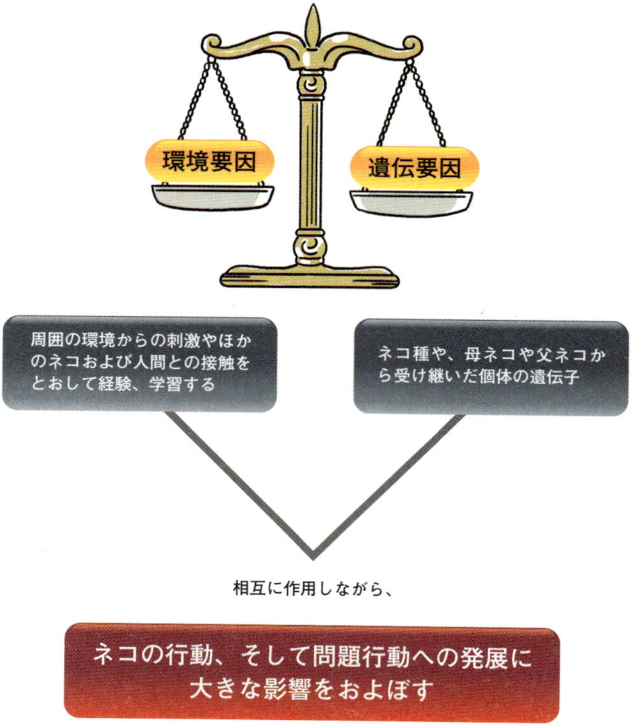

環境要因
遺伝要因
周囲の環境からの刺激やほかのネコおよび人間との接触をとおして経験、学習する
ネコ種や、母ネコや父ネコから受け継いだ個体の遺伝子
相互に作用しながら、
ネコの行動、そして問題行動への発展に大きな影響をおよぼす

1-4 問題行動の治療とは？

ネコの飼い主のなかには、獣医師の問題行動の治療がいったいどうやって行われるのか、疑問に思う方もいるのではないでしょうか？　実際、30年前にはネコの問題行動などという言葉は存在せず、ネコの問題行動の治療など、考えもおよばなかったことでしょう。

欧米では、「ペットの問題行動はペット放棄、ひいては安楽死の原因となることが多い」と認識されるようになり、1980年代ごろから問題行動の予防や治療が、積極的に進められるようになりました。ドイツでは現在、ペットの問題行動を治療する専門知識をもった獣医師が増えていますが、これはペットの問題行動の認識不足、誤った情報や対処法などの蔓延が、状態をさらに悪化させていることが明らかになったからです。

ペットも人間と同じように体の病気と心の病気、それにともなう行動の変化を切り離して考えることはできません。一般診療にたずさわる獣医師がペットの心理、問題行動について正しい知識を備え、飼い主さんに指導できれば、問題行動の予防につながります。

治療では、ネコの出生経歴、気質、ほかのペットの有無やそれらとの関係、食餌の場所や回数、トイレの状況、飼い主の家族構成、住宅事情、1日の大まかな流れ、いままでにかかった病気などを確認します。そして、問題行動が、いつ、どうして始まったのか、問題行動の頻度、状況、そのときの飼い主さんの態度などについてくわしく聞きます。ネコにとって満足できる環境かどうかを判断するため、家の間取り図などをもとに、トイレ、爪とぎ場、寝場所、餌場、マーキング行動をする場所なども書き込みます。

獣医師は、これらすべての情報をもとに原因を分析、診断し、環境改善、行動療法、場合によっては補助的な薬物療法を組み合わせ、治療のプランを立てます。

このプランを実践するのは飼い主自身です。**ネコへのより深い理解、努力、根気、時間、そしてなにより愛情が求められます**。獣医師は少しばかりそのお手伝いをするにすぎません。しかし、このような問題行動の治療を専門とする獣医師が、いつも近くにいるとはかぎりません。そんなときは、以下の対処法を参考に、環境改善など、できることからぜひ実践してください。

問題行動治療の大まかな流れ

問題発生

質問用紙の内容を確認、家の間取り図の確認、くわしい話のヒアリング

↓

原因を分析

↓

診断

↓

対策

↓

飼い主からのフィードバック

↓

場合によっては **新たな対策**

↓

飼い主からの再フィードバック

↓

解決

間取り図は獣医師の参考になる

簡単な自宅の間取りなどを描いて、獣医師に見せるといい

獣医師にかかるときに便利な質問用紙

獣医師に問題行動の解決を相談したいときは、以下の質問用紙に状況をまとめて持参すると、問題行動の解決に十分な知識と経験をもっている獣医師であればたいへん有用です。

質問用紙

お名前　　　　　　　　　　　　連絡先：

記入日：　年　月　日

わかるところだけでいいので、簡単にお答えください。

◆ネコについての一般的な質問

ネコの名前

種類

毛の色

年齢

性別

体重

去勢（手術はしていない、手術ずみ）

避妊（手術はしていない、手術ずみ）

手術ずみの場合、いつごろ手術しましたか。手術後、行動になんらかの変化が現れましたか。

【　　　　　　　　　　　　　　　　　　　　】

ネコはどこで手に入れましたか。そのときのネコの年齢、入手の動機は。

【　　　　　　　　　　　　　　　　　　　　】

そのネコの以前の飼い主の数と飼い方は。

【　　　　　　　　　　　　　　　　　　　　　　　　　　】

あなたがいままでに飼った猫の数は。

【　　　　　　　　　　　　　　　　　　　　　　　　　　】

最後に動物病院に行ったのはいつですか。

【　　　　　　　　　　　　　　　　　　　　　　　　　　】

いままでにした病気(あれば)は。

【　　　　　　　　　　　　　　　　　　　　　　　　　　】

現在、飲ませている薬があればお書きください。

【　　　　　　　　　　　　　　　　　　　　　　　　　　】

ネコの性格について、あてはまるものすべてにチェックをつけてください。

□静か　□臆病　□神経質　□活発(活動的)　□友好的

□ずうずうしい　□人なつっこい　そのほか:

◆環境一般についての質問

あなたの家族構成(性別、年齢)は。

【　　　　　　　　　　　　　　　　　　　　　　　　　　】

最近、引っ越しや家族構成に変化はありませんでしたか。

【　　　　　　　　　　　　　　　　　　　　　　　　　　】

おもに猫の面倒を見ているのは誰ですか。

【　　　　　　　　　　　　　　　　　　　　　　　　　　】

食餌を与えるのは誰ですか。

【　　　　　　　　　　　　　　　　　　　　　　　　　　】

完全な室内飼いですか。

【　　　　　　　　　　　　　　　　　　　　　　　　　　】

その場合、以前に外にだしていたことはありませんでしたか。

【　　　　　　　　　　　　　　　　　　　　　　　　　　　　】

完全室内飼いでない場合、猫が外で過ごす時間は1日にどれぐらいですか。

【　　　　　　　　　　　　　　　　　　　　　　　　　　　　】

猫の1日の留守番時間はどれくらいですか
(人間が家にいない時間の長さ)。

【　　　　　　　　　　　　　　　　　　　　　　　　　　　　】

住居について教えてください(部屋数、広さ)。

【　　　　　　　　　　　　　　　　　　　　　　　　　　　　】

ネコが自由に出入りできる部屋は何部屋ですか。

【　　　　　　　　　　　　　　　　　　　　　　　　　　　　】

ネコが庭かバルコニーにでられる場合、その広さを。

【　　　　　　　　　　　　　　　　　　　　　　　　　　　　】

ネコが隠れる場所は部屋にありますか。

【　　　　　　　　　　　　　　　　　　　　　　　　　　　　】

餌場の場所は。

【　　　　　　　　　　　　　　　　　　　　　　　　　　　　】

食餌の種類と回数は。

【　　　　　　　　　　　　　　　　　　　　　　　　　　　　】

大好きなおやつ(あれば)は。

【　　　　　　　　　　　　　　　　　　　　　　　　　　　　】

ほかの動物(ネズミなど)を捕食することがありますか。

【　　　　　　　　　　　　　　　　　　　　　　　　　　　　】

◆社会環境一般についての質問

ネコのおもちゃがありますか。

【　　　　　　　　　　　　　　　　　　　　】

ネコとどんな遊びをしますか。

【　　　　　　　　　　　　　　　　　　　　】

人間がネコと遊ぶ、もしくはネコをなでる時間は、1日何時間ぐらいですか。

【　　　　　　　　　　　　　　　　　　　　】

来客を怖がりますか。

【　　　　　　　　　　　　　　　　　　　　】

特にネコが怖がるものがあればお書きください。

【　　　　　　　　　　　　　　　　　　　　】

ほかの動物の有無（種類、年齢、性別、飼い始めた時期）は。

【　　　　　　　　　　　　　　　　　　　　】

ネコを多頭飼いしている場合、すべてのネコの年齢、性別、飼い始めた時期をお書きください。

【　　　　　　　　　　　　　　　　　　　　】

（その場合）ネコ同士の関係について教えてください。

【　　　　　　　　　　　　　　　　　　　　】

問題行動を起こす以前のネコ同士の関係で、あてはまるものすべてにチェックをつけてください。

□仲よし　□にらみ合う/威嚇し合う　□追いかける/逃げる

□けんかする　□無関心　そのほか:

ネコ同士の関係（現在）について、あてはまるものすべてにチェックをつけてください。

□仲よし　□にらみ合う/威嚇し合う　□追いかける/逃げる

□けんかする　□無関心　そのほか:

◆**排泄行動一般についての質問**

ネコ用トイレを使用していますか。

【　　　　　　　　　　　　　　　　　　　　　】

排泄後、ネコは砂をかけますか。

【　　　　　　　　　　　　　　　　　　　　　】

トイレの数と置いている場所は。

【　　　　　　　　　　　　　　　　　　　　　】

トイレの砂の種類は。

【　　　　　　　　　　　　　　　　　　　　　】

1日に排泄物を取る回数は。

【　　　　　　　　　　　　　　　　　　　　　】

砂を全部取り替える頻度は。

【　　　　　　　　　　　　　　　　　　　　　】

トイレ以外の場所で排泄したことがありますか。

□1度もない　□1カ月に1度ぐらい　□1週間に1度ぐらい

□1週間に数度　□ほぼ毎日

ある場合は、以下の質問にお答えください。

そのおもな排泄場所

【　　　　　　　　　　　　　　　　　　　　　】

そのとき、ネコは立った姿勢、座った姿勢のどちらでしたか。

【　　　　　　　　　　　　　　　　　　　　　】

別紙の部屋の見取り図に、トイレの位置、食餌・水の位置、寝場所、爪とぎ場所、いままでに排泄した場所をお書きください。

◆問題行動に関して

おもにどんな問題行動を示しますか。

【　　　　　　　　　　　　　　　　　　　　　　　　】

最初にその行動を見せたのはいつごろですか。

【　　　　　　　　　　　　　　　　　　　　　　　　】

そのとき、あなたのとった行動は。

【　　　　　　　　　　　　　　　　　　　　　　　　】

問題行動が起きる頻度は。

【　　　　　　　　　　　　　　　　　　　　　　　　】

その頻度は、増える傾向だと思われますか。

【　　　　　　　　　　　　　　　　　　　　　　　　】

問題行動が起きるきっかけとなる原因に心あたりがありますか。

【　　　　　　　　　　　　　　　　　　　　　　　　】

もっとも最近起こった問題行動についてくわしくお書きください。

【　　　　　　　　　　　　　　　　　　　　　　　　】

いままでにとった対策があればお書きください。

【　　　　　　　　　　　　　　　　　　　　　　　　】

◆あなたにとって問題行動は?

あなたにとって現在のネコの問題行動は深刻な状態ですか。

□とても深刻　□深刻　□ふつう　□少しだけ　□いいえ

「とても深刻」または「深刻」と答えられた方は、どの方面でいちばんの支障をきたしていますか。

□パートナーや家族関係において　□日常生活全般において

□仕事時間において　そのほか:

COLUMN

ドイツのネコ事情

ドイツでは、どこに行ってもやたらとイヌの姿が目につき、イヌのしつけが行き届いている印象があります。しかし実は、ドイツでいちばん飼われているペットはネコ（820万匹）です。2位のイヌ（540万匹）に大きく差をつけて、ダントツの人気です。現在16.5％の世帯でネコが飼われており、特に最近は単身世帯でのネコ飼いが増えています。住宅事情や生活スタイルに合ったネコの飼いやすさが大きな理由ですが、やはりネコがもっている不思議な癒しの力が、高い人気の秘密といえるでしょう。

郊外に行けば、木登りしているネコや散歩している飼いネコを見かけることもありますが、都心部では日本のように外を自由に出入りするネコを見かけることはほとんどありません。アパートの窓際にネコが寝ていたり、バルコニーに張られているネコの転落防止ネットを目にして、初めてネコの存在に気づくぐらいです。

ネコがペットショップでほとんど販売されることのないドイツでは、繁殖許可を得たブリーダーから購入します。または、新聞や地域コミュニティー広告などをとおして、または、地域の「ティアハイム」と呼ばれる動物保護施設からネコを引き取ることになります。

動物保護施設には、やむをえぬ事情で飼い続けるのが困難になったり、捨てられたりした多くの動物たちが暮らしており、とりわけ、経済的な理由などで、捨てイヌ、捨てネコの数がこのところ上昇しているドイツでは、これらの施設は常に満杯です。

ちなみにこの動物保護施設は全国で500ほどあります。正当な理由なしに動物を殺処分することが禁止されているドイツでは、捨てられたペットたちはこの保護施設で新しい家族に迎え入れられる日を、首を長くしていつまでも待つことができます。

第2章

不適切な排泄行為を解決する

2-1 不適切な排泄行動とは？

ネコが、トイレ以外の室内であちこちにおしっこ（まれにうんち）をすることがあります。ネコの尿は布団やベッド、洗濯物、家具にかかるとくさいうえ、電気製品にかかって壊れてしまうこともあり、ネコの飼い主さんがもっとも頭を悩ませるネコの問題行動の1つです。

ネコが急に不適切な排泄行動を見せる場合は、まず**身体疾患**を疑ってください。

たとえば、泌尿器系の病気（膀胱炎や腎炎）、内分泌系の病気（糖尿病や甲状腺機能亢進症など）、子宮蓄膿症などの病気にかかると、ひんぱんに水を飲んだり、おしっこの回数も増え、そそうすることもあります。うんちの場合は、下痢を引き起こす病気も考慮しなければなりません。

高年齢にともなう関節の衰えや、痛みをともなう病気やケガが原因で、トイレに行くのが間に合わなかったり、トイレでしゃがめなかったりする場合もあります。

特に泌尿器系の病気は、「30％近いネコが一生の間になんらかの泌尿器系の病気を患う」といわれるぐらい多く見られます。病気が治っても、このときの排尿時の痛みとトイレが結びつき、トイレを嫌がる場合もあります。

ネコの下部尿路の疾患（尿路結石、膀胱炎、尿道炎など）は、ネコの「**泌尿器症候群**」ともいわれています。おもなこれらの病気の症状は、頻尿、血尿、排尿困難（トイレにひんぱんに行くのに尿がでない）などが挙げられ、トイレ以外の場所で排泄してしまうこともあります。

尿路結石・膀胱炎・尿道炎

尿路結石（ストラバイト結晶やシュウ酸カルシウム結晶など）は、とりわけオスネコ（2〜6歳）に多く見られます。ネコ種のなかでは、ペルシャネコや長毛種に多く、年齢、肥満度、食餌の事情などにも左右されます。

最近はマグネシウム含有量の低いキャットフードが普及したので、尿がアルカリ性になることで発生するストラバイト結晶は減少しました（全体の尿路結石の約50％、平均ネコ年齢5.8歳）。半面、尿が酸性になることで発生するシュウ酸カルシウム結晶が増える傾向にあります（全体の尿路結石の約40％、平均ネコ年齢：7.5歳）。10歳以上の高年齢のネコでは、細菌感染が原因の膀胱炎や尿道炎が多く見られます。

特発性膀胱炎（間質性膀胱炎）

しかし、半数以上のネコの泌尿器症候群は、「**特発性膀胱炎**」または「**間質性膀胱炎**」とも呼ばれる、原因不明の泌尿器症候群です。最近の研究では尿路や膀胱の組織に含まれるグルコサミノグリカンの濃度が減ることで、ある神経伝達物質が分泌され、自律神経系に働き、尿路や膀胱の粘膜に出血や浮腫をおよぼしたり、膀胱筋の収縮を促すともいわれています。

また、脳視床下部〜脳下垂体〜副腎軸の変化と、それにともなうストレスホルモンの分泌減少により、ストレスに十分に対応できなくなっていることもわかっています。この原因不明のネコの泌尿器症候群は10歳以下（とりわけ1〜6歳）のネコに多く見られ、再発を繰り返す傾向にあり、ネコのストレスを減らすようにしなければなりません。

不適切な排泄行動は3種類に分けられる

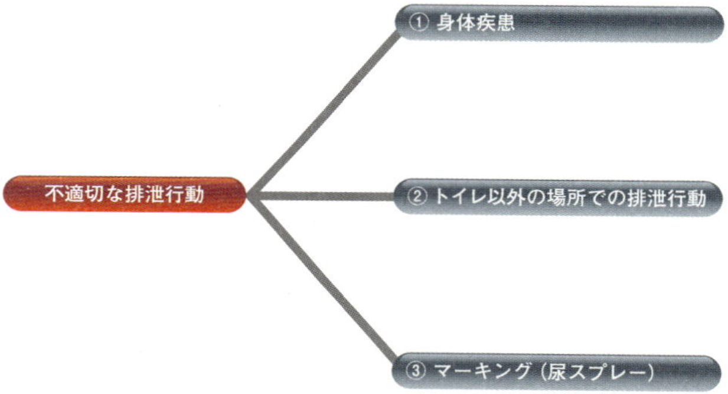

身体疾患以外の不適切な排泄行動とは?

獣医師のもとで、身体疾患でないことがわかったら、次に、それが「トイレ以外の場所での排泄行動」であるのか「マーキング（尿スプレー）」であるのかを判断しなければなりません。この2つの行動が、微妙に組み合わさって起こることもありますが、40ページの表を参考に、ネコがどちらの行動を示しているのかを見極めてください。

また、ネコを多頭飼いしていて「現行犯」で見つけられない場合は、どのネコがしているのかを判別しなければなりません。バツが悪いから、隠れているネコが犯人と思いがちですが、そうとはかぎりません。「犯人」が現行犯で見つかっても、多頭飼いの場合は、犯人は1匹だけではない場合もあります。少し手間はかかりますが、次のように判別する方法もあります。

❶住宅事情が許すなら、ネコを1匹ずつ違う部屋に隔離（それぞれトイレと餌場を用意する）。

❷フルオレセインと呼ばれる蛍光色素の一種を夜、ネコに飲ませると、次の日のおしっこが約24時間、紫外線ランプを当てると光る（獣医師に相談する）。うんちの判別の場合は、食用着色料などを食餌に混ぜると色が変わる。

不適切な排泄行動の例

トイレ以外の場所での排泄行動

マーキング（尿スプレー）

❸排泄行動の多い場所に、ビデオカメラを設置する。

トイレ以外の場所での排泄行動とマーキングの見分け方

	トイレ以外の場所での排泄行動	マーキング（尿スプレー）
ネコの体勢	しゃがんだ姿勢	（ほとんど）立った姿勢
尿の量	通常（膀胱炎などを除く）	通常より少なめ
方向	水平面	垂直面（場合によっては水平面）にひっかける
好む場所	トイレの近くや、やわらかいタオルやベッドなど	いたるところ
排泄後、砂をかける行動をとるか	たいていとる	ほとんどとらない
ネコのトイレの使用度	あまり使用されていない	規則的に使用されている

どのネコが「犯人」かしっかり確認する

隠れているネコが、不適切な排泄行動の「犯人」とはかぎらない

2-2 トイレ以外の場所での排泄行動を解決する

ネコはもともとたいへんきれい好きな動物です。

子ネコは生後4週から6週目ごろまでは母ネコになめられ、刺激されることで排泄を促されます。しかしその時期を過ぎれば、母ネコに教えられなくても、生まれつきの習性で徐々に自分で排泄することを学びます。この時期に、子ネコがどんな場所で排泄することを学んだかということも、その後のネコの排泄行動に大きな影響を与えます。

まずは、ネコの排泄行動をよく観察してみましょう。すると、一連の流れがあることに気がつきます。

❶排泄する場所のにおいをかいで、場所をコントロールする。
❷土や砂を掘ったあとにしゃがんだ姿勢で排泄する。
❸最後にもう一度においをコントロールする。そして、その上に前足で土や砂をかけて、排泄物を隠し、においを消す。

飼い主は、ネコに**これらの要求を満たすだけの排泄しやすい環境**を与えてあげなければなりません。トイレのにおいをかいでから、排泄せずに離れたり、トイレの縁に立ったり、排尿前の砂掘りや排尿後の砂をかける時間がいつもより短くなっていたり、トイレの外で砂をかけるような行動をするなら、なにかしらトイレに不満があることを疑うべきでしょう。

なお、健康な成ネコは、平均すると1日に2～4回トイレに行きます。そのうち1回は排便です。餌場や自分の休息場所で排泄行動を行うことはまずありません。

ネコの排泄行動の流れ

くんくん
ザックザック
まずはトイレをにおって
コントロールしてから砂掘り
シー
排泄
くんくん
ザックザック
再びにおいをコントロールして
から前足で砂かけ

ネコの排泄の流れ。飼い主はこの一連の流れを満たしてあげるように環境を整える必要がある

トイレ以外の場所での排泄行動の原因は?

ネコが、ネコのトイレを使用せずにほかの場所で排泄する場合、以下のような原因が考えられます。問題解決の近道は、原因を探りだし、改善していくことです。これらの原因は、1つだけとはかぎらず、いくつかが組み合わさっている場合もあります。

❶トイレ事情が不十分

トイレになんらかの不満がある場合、ネコはトイレを使用しません。ネコはきれい好きなので、汚いトイレを嫌がります。また、トイレの設置場所、トイレの砂の素材にも敏感です。トイレにこだわりをもっているネコは少なくありません。

❷学習が不十分だったり間違っている

ネコ用トイレで排泄することを学ばなかったか、なにかのきっかけで、トイレ以外の場所で排泄することをいったん学ぶと、以後、その素材の上に好んで排泄するようになることがあります。

たとえば、トイレの置いてある部屋がしまっており、やむをえず、床、じゅうたん、バスマット、ベッドの上や鉢植えなどに排泄した場合などです。

❸トイレへの嫌悪感

膀胱炎のときの排尿時の痛みとトイレが結びついて、膀胱炎が完治したあともトイレを嫌う場合があります。トイレの最中に怖いこと(大きな音にびっくりした、同居ネコに威嚇されたなど)を経験した場合にも、トイレに嫌悪感を抱き、トイレを使用しなくなることがあります。

❹ストレス

19ページに挙げたストレスなど、ネコを緊張・不安にさせるなんらかの要因がきっかけになることもあります。

❺飼い主の関心を引こうとする行動

まれに、飼い主の注意を自分に向け、関心を引こうとする行動の場合があります。ネコが飼い主の注意を引けることを学習し、以後、それを繰り返したりするケースがこれにあたります。たとえば、たまたまネコがトイレ以外の場所で排泄しようとしたときに、飼い主があわてて飛んできて騒ぎだした場合などです。この場合、ネコは飼い主がいるときにのみ、この行動を示します。

❻ネコの種特有のもの

ペルシャネコや長毛種ネコは、ほかのネコに比べ、トイレ以外の場所での排泄行動が多く見られます。

トイレ以外の場所での排泄行動の対処法は?

ネコが不安感を抱くような原因があるなら、まず、それらの原因を解決するべきです。たとえば、同居ネコ同士の関係が悪い場合は、第3章の86ページを参照してください。しかし、原因がはっきりしなくても、以下のことだけを徹底すれば、ほとんどの場合は解決します。

❶叱らない
❷トイレ事情を改善する
❸汚れた排泄場所を正しく処理する
❹環境を改善する

では順番に解説していきます。

❶叱らない

ネコがおしっこをしている最中に叱っても、おしっこをした場所に連れていって叱ってもまったく効果はありません。ネコは叱られると飼い主に隠れておしっこするようになります。そればかりか、ネコと飼い主との絆を壊すことにもなりかねません。むしろ、ネコがトイレでちゃんとおしっこしたときに、ネコをほめてあげるほうがずっと効果があります。

❷トイレ事情を改善する

トイレ事情の改善は、家庭環境などによっては理想的なトイレの設置が困難な場合もあるかもしれません。しかし、できるかぎり理想に近づくようにしてみてください。

トイレの数を増やすことに、特に抵抗がある飼い主さんは多いのですが、**トイレを大きめのものに変えたり、トイレの数を増やすだけで問題が解決**することはよくあります。一時的にでもトイレの数を増やして試してください。状況がよくなれば、数を減らしてもよいのですから。なお、新しいトイレを設置する場合は、ネコが使用するまで最低でも2週間は様子を見てください。

・トイレの数

理想的なトイレの数は「**ネコの数＋1**」です。ネコ3匹ならトイレは4つ必要です。ネコを1匹だけ飼っている場合もトイレは2つが理想です。なぜなら、本来ネコはうんちとおしっこを別の場所にする習性があるからです。

トイレは2つ並べて置かず、少し離れた場所に置いてください。トイレを丸洗いして干すことも考えると、複数のトイレがあれば、飼い主もネコも安心できます。家に階数があってネコが自由に行き来できる場合は、トイレを各階に最低でも1つ設置するようにしましょう。

・トイレの大きさ

ネコの大きさにもよりますが、ネコがトイレの中で**くるっと回れるような大きさ**（一辺がネコの体の長さの約1.5倍）で、最低でも30×40cm以上のトイレを選びましょう。

・トイレの種類（型）

ネコのトイレの容器は、さまざまなものが売られています。自然界のネコが、青空の下、いつでも逃げられるようにオープンな場所に排泄することを考えると、ネコのトイレは**オープンなタイプ**が望ましいでしょう。

トイレの「へり」の高さは、ネコの年齢や健康状態に合わせて、ネコが簡単にまたげる高さがベストです。高齢のネコや子ネコには、へりが少し低めのタイプを選びましょう。場合によっては、プラスチックで大きめのバット（大きめの桶《おけ》）などを使ってもかまいません。

屋根やドアつきのトイレは、排泄物のにおいがトイレに充満しやすく、飼い主も、屋根つきトイレだとつい排泄物を掃除するのを忘れたりします。また、排泄時のネコの様子や排泄物から、すばやくネコの異常を知るためにも、ネコの排泄時の様子をたまに観察するのは重要です。ネコの個性がかいま見られるのも興味深いものです。

適切なトイレの大きさや形とは？

ねこがくるっと
回れるような
十分な大きさなら
ネコも安心

はみ出るにゃ
小さすぎ！

プー！
くさー！
うーん
うーん
ぼうこう炎で
オシッコが出ない
あの時は
痛かったにゃ

数はネコの数＋1。ネコがくるっと回れる大きさで、においがこもらないオープンなタイプがいい。砂はネコの好みに合わせる。トイレに悪いイメージがある場合は場所を変えたり、取り替えたりするとはいえ、屋根つきタイプのトイレは砂が飛び散らないという人間にとっての利点もあり、ネコが子ネコのときからこのタイプを使い慣れていて、清潔に保てるのであれば問題なく使えます。

・トイレの設置場所

トイレの設置場所は、**ネコが行きやすく、一面は壁に面した見通しのよい場所**がよいでしょう。餌場や寝場所のすぐ近くは避け、落ち着いて排泄できるように、物がごちゃごちゃと置いてある場所や人のよく通る通路なども避けます。ドアが閉まるとトイレに入れなくなるような場所は、ドアが閉まらないように注意してください。

・トイレ用の砂の素材と量

トイレ用の砂の種類はたくさんあり、どの種類もそれぞれメリット、デメリットがあります。ネコにより好みも違うのでいろいろ試して、**ネコが気に入るものを選ぶのがいちばん**です。

一般的にネコは、比較的やわらかめの細かな粒状の砂で、踏み心地がよく、排泄の前後にしっかりと砂掘りや砂かけができるような素材を好むようです。ほこりなどがでにくく、吸収性や消臭性にすぐれ、固まるタイプの砂であれば理想的です。

砂の深さは最低でも5cmは必要です。人間にとっていい香りがする芳香剤などが入っている砂は、ネコがその香りを嫌うこともあるので、できれば避けましょう。

なお、いったんネコが気に入って使い始めたら、なるべく砂を変えないようにしましょう。どうしても変えなければいけないなら、いままで使用していた砂に新しい砂を少しずつ混ぜて、時間をかけながら入れ替えます。

適切なトイレの場所とは？

ゴチャ
ゴチャ
ゴチャゴチャしているところに置かないように！
フードや寝場所の側に置かないように！
きもちいいにゃ〜
シー…
そんなに見るにゃ…
じー…
同居ネコににらまれては落ちついてオシッコできません

ごちゃごちゃした場所や餌場、寝場所の近くはNG。ネコが落ち着ける場所に設置する。排泄物は1日に2回は取り、月に1度は丸洗いして清潔にする

・トイレの清潔度

人間がネコのトイレをくさいと思うなら、人間より嗅覚にすぐれたネコにはもっとくさいです。トイレの排泄物は、毎日まめに取り（最低でも1日2回）、月に1度はトイレの砂を全部取り替えてトイレをお湯で丸洗いすると理想的です。月に1度丸洗いできれば、お湯で洗うだけでも十分きれいになります。

汚れがひどい場合や、ひんぱんに丸洗いができなければ、少量の中性洗剤などを使いましょう。アンモニア系や塩素系といった、ネコにとってはおしっこのにおいを思わせる強いにおいの洗剤や漂白剤などはやめましょう。夏なら天日干しすると、殺菌効果もあります。

トイレの砂を取り替える際、**重曹を少しだけ薄くトイレの底にまくと、消臭効果が得られます**。また、砂を取り替えるときは、排泄物のにおいがついた、いままで使用してた砂を少し混ぜるとよいでしょう。

❸汚れた排泄場所を正しく処理する

ネコは、そこが排泄場所だと思い込んでいます。おしっこのにおいを完全に取り除き、排泄した証拠をきれいに消し取ることが大事です。

まず、洗濯できるものは酵素入りの洗剤で洗濯します。排泄場所は、ネコの注意を引かないよう、ネコをおしっこした部屋からだしたのち、おしっこの水分をできるかぎりふき取ったあと、アンモニア成分を中和するお酢成分配合の洗剤か、酵素系の洗剤で何度かふき取ります。場所によっては、2倍に薄めたお酢やクエン酸水溶液でもかまいません。最後に70％のアルコール（消毒用アルコール）でふき取るかスプレーします。

理想的なネコのトイレ
砂
素材と量をネコの好みに合わせる
設置場所
落ち着ける場所、エサや寝場所の近くはタブー
型
オープンなタイプ
数
ネコの数＋1
大きさ
くるっと回れる大きさ
清潔度
排泄物は1日に2回は取り、月に1度は丸洗い
ネコトイレをチェックするにゃ

各項目をチェックして、ネコのお気に入りとなるトイレにしよう

次に、その場所が完全に乾き、ほとんど無臭になっているのを確かめてから、ネコをその部屋に入れます。においがしつこく消えなければ、市販の酵素やバイオの力で尿の成分を分解する消臭剤などを使います。塩素系やアンモニア系の洗剤は、おしっこのにおいをネコが思いだし、そこにまたおしっこする可能性があるので避けます。

場合によっては、機転を変えて何度もおしっこをする場所に**ネコトイレを一時的に設置するのも手**です。ネコが自分で選んだ場所なのですから。そこが人間にとって困る場所なら、少しずつ（1週間に20cmぐらい）トイレを希望の場所までずらしていきます。

また、おしっこした場所の意味合いを変えるために、そこを餌場や寝場所に変えてしまうのも一案です。なぜなら、健康なネコは、餌場や寝場所に排泄することがほとんどないからです。また排泄場所がソファーの上などなら、そこでネコと集中的に遊び、ネコがお気に入りの遊ぶ場所に変えてしまう手もあります。

❶ ネコは部屋からだす。
❷ おしっこの水分をできるかぎりふき取る。
❸ お酢成分配合の洗剤（場所によっては2倍に薄めたお酢やクエン酸水溶液などで代用）か酵素系の洗剤でふく。塩素系やアンモニア系の洗剤は、おしっこのにおいに似ているので使わない。
❹ 乾いてから70%のアルコール（消毒用アルコール）でふく。
❺ 完全に乾かす。
❻ しつこいにおいには、酵素やバイオの力で尿の成分を分解する消臭剤を使う。

・物理的にその場所に排泄できないようにする

排泄場所が1つの部屋にかぎられているなら、その部屋にネコを入れないようにします。ソファーやベッドなら、プラスチックのカバーをかぶせたり、そこに**一時的に物（ダンボールなど）を置く**などして、排泄できないようにします。場所によっては、ネコがその上を歩くのをいやがるように、**プラスチックの人工芝**のようなものや**アルミホイル**を置いたり、**両面テープ**を貼ったりします。しかし、防ぐだけでは根本的な解決にならないので、かならずネコが満足するトイレを提供する必要があります。

おしっこの痕跡は残さない

オシッコのにおいを
根こそぎとる!!

オシッコ

乾いた
ぞうきん

掃除はネコを部屋からだしたあとに始める

スポンジ
など

乾いたぞうきんやスポンジでおしっこをふき取ったあと、お酢成分配合の洗剤などを使ってふき取る。乾いたら70%のアルコールでふく

・間違った学習やトイレへの嫌悪感

やわらかい素材などの上で、好んでおしっこするようになった場合は、ネコ用トイレに古いタオルなどを敷き、砂を上から少しかけ、徐々に砂の量を増やしていきます。

膀胱炎の排尿時の痛みなどからトイレを使わない場合は、排泄した場所にトイレを新設するか、トイレの容器を大きめのものに変えたり、トイレの設置場所を変えるとトイレを使い始めることが多いです。

物理的におしっこできないように

再び オシッコをされないように物を置く

家具などはネコが入れない部屋に移動する。移動できなければプラスチックカバーなどをかけたり、物（ダンボールなど）を置く。ネコと集中的におもちゃなどで遊ぶのも有効だ

ネコは人工芝が苦手

オシッコをされた所
キレイにした床に人工芝を置いて再び オシッコされないようにする。
人工芝は歩きにくいにゃ

床などはその場所にトイレを設置する。または、寝場所や餌場を設置する。ネコが歩きにくいもの（人工芝、アルミホイル、両面テープなど）を置くのも効果的

どうしても使わない場合は、子ネコがトイレを覚えるように、ネコを寝場所や餌場も整えたかぎられた空間（小さめの部屋や洗面所など）に入れ、最低でも2つのトイレを用意し、いつでもトイレに行ける環境をつくります。トイレで排泄するまで2〜3日の間その部屋で生活させます。トイレを使うようになったら、ネコの生活空間を少しずつ広げていきます。

・飼い主の関心を引こうとする行動

飼い主が飛んできて怒ったりすれば、自分に関心が向けられていることになるので、ネコの思うつぼです。これまでの対策に加えて、ネコがおしっこしても**完全に無視**します。ネコを見ない、ネコに話しかけない、ネコにさわらないようにします。

この場合、アクティブな餌やりや、ネコと遊ぶ時間をたくさんとって、ネコが心身ともに満足感を得られるようにします（環境改善）。このような要領のいいネコには、クリッカートレーニングも最適です（第6章参照）。

❹環境改善

第6章を参考にして、ネコに快適な生活環境をつくります。

・フェリウェイの使用

ネコが、不安感からトイレ以外の場所での排泄行動をする場合は、ネコのほおから分泌される天然のフェロモン（F3成分）を人工的につくった**フェリウェイ**を使うと効果がある場合もあります（第6章参照）。

次からは具体的な事例を見ていきましょう。

事例 彼に嫌がらせ(?)します!

問題

名前:ミミ
性別:♀
年齢:2歳、避妊ずみ

「ミミ」は、8カ月のときに友達から引き取りました。もう1匹の、同じく避妊ずみの5歳のメスネコ「マウス」は捨てネコで、子ネコのときから飼い始めました。ミミは、私が家にいないとき、マウスの遊び相手にと思い、思い切って引き取ったのです。

幸い、2匹のネコは初めから仲よしで、いままで問題なく暮らしてきました。トイレは洗面所に1つ置いてあり、2匹ともこのトイレを使っています。ミミはどちらかというと臆病で、知らない人がくると隠れてしばらくでてきません。私にはよくなつき、ひざの上でなでられるのが大好きです。2匹とも夜は私のベッドの上で眠っています。たまに彼が泊まりにくることがありますが、彼とネコとの関係は良好です。

ところが、3カ月ほど前からでしょうか。困ったことにミミが私のベッドの上でおしっこするようになりました。ある朝、私が起きると、ミミはベッドで彼がまだ寝ている横で、ふつうに座っておしっこし始めたんです。彼はもちろんびっくりして、ミミをどなりながら追いかけました。それ以来、ミミは、朝私が起きたあと、ベッドでおしっこをするようになったんです。ミミが先に起きて、一度居間をうろうろしても、私が起きると、わざわざまたベッドへ戻ってきておしっこするんです。そのほかに、お風呂場の前のバスマットにも2回おしっこしました。これは彼に対する嫌がらせなのでしょうか？

診断

ネコは、排泄物に対して人間がもっているようなネガティブな感覚をもっていないので、誰かへの**嫌がらせでおしっこすることは決してありません**。ミミは、どちらかというと臆病で神経質なネコです。ミミが彼の寝ている側におしっこをするのは、不安感から自分のにおいをつけようとする尿スプレーという見方もあります。

しかし、飼い主の説明では、ミミはベッドの上でおしっこするとき、比較的リラックスした様子です。トイレで排尿するようにごくふつうにおしっこし、量も問題ありません。その後もごく自

なぜベッドでおしっこするの？

ネコは嫌がらせでおしっこしているわけではない

然に食餌したり、毛づくろいしたりすることから、ベッドの上でのおしっこが日常化していると考えられます。

最初のきっかけがなんであれ、ミミはベッドの上でのおしっこが快適だと学習しました。1つしかないトイレを2匹で共有していることから、トイレ事情が不十分であることも原因の1つです。

対策

・叱らない

ネコを叱ると、飼い主がいないときにおしっこすることを学習してしまいます。また、飼い主とネコとのよい関係を壊すことにもなりかねません。

・トイレ事情の改善

ネコが2匹いるので、理想的なトイレの数は3つです。ミミがなにかしらトイレに不満があることを考えて、居間と寝室にも各1つずつトイレを設置します。ミミはやわらかいところで排尿することを覚えてしまったので、タオルなどのやわらかい素材のものは、すべてネコの手の届かないところにしまいます。ネコトイレには古いタオルと少量の砂を敷き、少しずつトイレの砂を増やしていきます。トイレはまめに掃除します。

・おしっこした箇所をしっかり掃除

おしっこした箇所は、完全ににおいが消えるまで、しっかり洗濯と掃除をします。

・物理的に防ぐ

この事例では、おしっこする場所や時間帯がほぼかぎられているので、起きたらミミをやさしく抱っこして寝室からだし、ドアを閉めて寝室に入るのを防ぎます。飼い主の目が届かない時間は、寝室に入れないようにします。念のため、ベッドにはプラスチック製のカバーなどをかけておきます。お風呂場の前のバスマットは、おしっこされないように取り除きます。

・環境改善

今後、トイレ以外の場所での排泄行動だけでなく、尿スプレーを防ぐためにも、部屋の中に、段差がある縦の空間を増やし、安心して隠れられる場所なども増やします。飼い主とのスキンシップや、遊ぶ時間も十分に取るようにします。この事例では、**彼とミミが、より友好的な関係を築けるよう**に、彼ができるだけミミに食餌をあげたり、ミミとのスキンシップや遊ぶ時間を増やしていきます。

スキンシップを増やす

彼との
スキンシップを
ふやす
こいつ
意外といい
ヤツにゃ♪

彼にもネコと仲よくなってもらおう

2-3 尿スプレーといわれるマーキングを解決する

1匹1匹のネコは、人間が感知できない特有のにおいをもっています。このにおいは、ネコがコミュニケーションをとるうえで大きな役割をはたしています。ネコには、この自分のにおいをいろいろな場所につける「**マーキング**」と呼ばれる習性があります。ネコは、このにおいからさまざまな情報をキャッチします。

嗅覚がネコほどすぐれていない人間にとっては、ピンとこないかもしれませんが、視覚で置き替えると「**さまざまな色つきの煙を認識するような感じ**」だと思えばいいかもしれません。人間の名刺といってもいいかもしれません。なお、爪とぎマーキングなどでは、嗅覚でにおいを感じ取るだけでなく、視覚でマーキングを感じ取っています。

自然界で生活するネコにとってマーキングは、なわばりの確認、ネコ同士の認識やランクづけ、スムーズなパートナーネコ探しなど、たいへん重要な役割をはたしています。

ネコは、肛門周囲の分泌腺、ほおの周囲やしっぽのつけ根の背面にある皮脂腺、手足の裏の汗腺から、特有のにおいがある生化学物質（フェロモン）を分泌します。これらの分泌腺からだされる分泌液は、ふつうに嗅覚が伝わるのとは別の経路で脳に伝わることもあります。これは、「**ヤコブソン器官**」という、上あごと鼻腔の間（犬歯の上あたり）に位置する器官の神経を通して、脳に感知される場合です。ネコ特有の、口を半開きにしてにおいを感じ取っているような、恍惚とした（少し間の抜けた）表情である「**フレーメン反応**」を誘発したりします。

ですから、顔をなにかにスリスリしている行動や、手のひらをこすりつける行動（爪とぎ）などもマーキングであり、ネコがコミュニケーションをとる手段なのです。グループで生活するネコは、お互いに顔や体をスリスリして、においを交換することで、共通のグループのにおいを共有して安心するのです。

ネコのさまざまなマーキング

尿スプレー
頭をすりすり
シッポをすりすり
ガリガリ
爪とぎ
スリスリ
……
ヤコブソン器官

誰にでもなんにでもスリスリしてにおいを共有すれば安心する。右下はフレーメン反応

繁殖能力のあるオスの尿スプレーは強烈

マーキングのなかでも「**尿スプレー**」は、去勢していない性的に成熟したオスネコや、避妊していないメスネコ（とりわけ発情期）に多く見られます。まさに「パートナー募集中」を宣言する行動です。オスネコの尿スプレーは、ふつうの尿よりも色が少しにごっていますが、なんといっても最大の特徴は、**人間の鼻でも1週間は感じられるといわれるほど強烈なにおい**です。

とりわけ、去勢していないオスネコの尿には、「**フェリニン**」と呼ばれるフェロモンの前駆体（原料）物質が多く含まれています。強烈なおしっこのにおいのもととなる物質です。この強烈なにおいで、パートナーネコを探すとき「自分がいかに高い繁殖能力をもつか」を誇示します。ライバルネコを「あっちに行け！」と追いやる役割もはたしています。

尿スプレーには、ネコの性別、年齢、ランク、発情の時期、いつごろつけられたにおいなのか、などといった情報が含まれています。また、尿スプレーには、パートナーとなるネコを手に入れるという目的だけでなく、なわばりの確認や、ほかのネコとの不安定で緊張した関係や衝突を避ける目的、ストレスを軽くする目的もあります。

尿スプレーは、ネコが立ったまま垂直面に少量の尿をひっかけるのが特徴で、しっぽは垂直にピンと伸ばされ、尿スプレーの際、しっぽの先端を震わせることもあります。後ろ足はまっすぐに伸ばされ、後ろに蹴るようなポーズをすることもあります。通常の排尿に比べて量は少なく（尿がでない場合もあります）、ひんぱんに起こります。尿スプレー後、砂をかけるようなしぐさは見られません。床から1mの高さまで尿スプレーするオスネコもいますが、ふつうは30～40cm前後あたりにします。メスネコはこれより低い位置に尿スプレーするのが一般的です。

しかし、垂直面でなく水平面、たとえばベッドの上などにしゃがんで尿スプレーする場合もあります。この場合、尿は円状ではなく細長い形で跡を残します。この、しゃがんだ姿勢での尿スプレーは、トイレ以外の場所での排泄行動と区別するのがたいへん困難です。遺伝要素も深く関連しています。

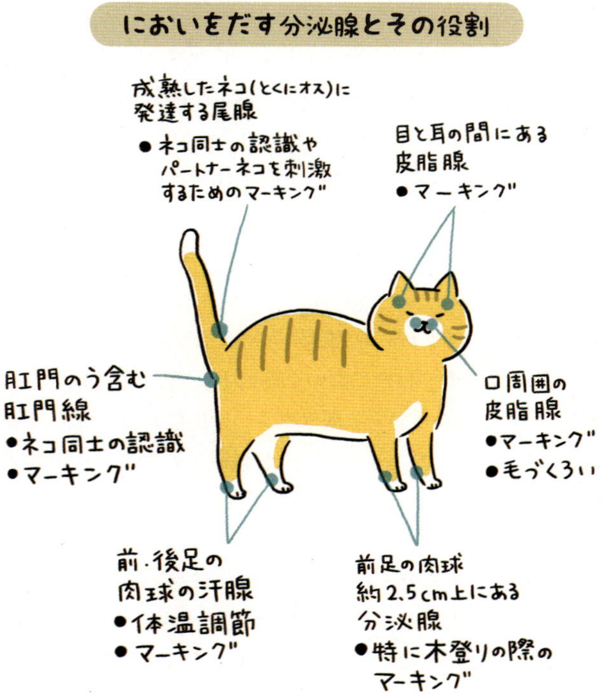

においをだす分泌腺とその役割
成熟したネコ（とくにオス）に
発達する尾腺
●ネコ同士の認識や
パートナーネコを刺激
するためのマーキング
目と耳の間にある
皮脂腺
●マーキング
肛門のう含む
肛門線
●ネコ同士の認識
●マーキング
口周囲の
皮脂腺
●マーキング
●毛づくろい
前・後足の
肉球の汗腺
●体温調節
●マーキング
前足の肉球
約2.5cm上にある
分泌腺
●特に木登りの際の
マーキング

マーキング（においつけ）の分泌腺とその役割。
ネコは体中からにおいをだしている

多頭飼いほど尿スプレーは多発する

ネコが室内で多頭飼いされている場合、ランクが上のネコは、自分のなわばりを主張するために尿スプレーします。ランクが下の臆病なネコも、自分のなわばりを少しでも確保して安心しようと尿スプレーします。

このため、室内でよく尿スプレーが見られる場所は、「**なわばりの境界線のポイント**」となるところです。たとえば、窓際、ドア、カーテン、壁のでっ張り、電気コンセントなどです。部屋に新しくもち込まれたものの新しいにおいに反応し、外のにおいがついた靴やバッグ、買い物袋、取り込んだ洗濯物などにすぐ尿スプレーする神経質なネコもいます。

また、電気器具などの使用前と使用後のにおいの違いを敏感に感じ取り、疑わしいと感じて、尿スプレーすることも多いようです。ひどい場合は、飼い主に向かって尿スプレーすることもあります。

尿スプレーは、飼いネコの数が多いほど増えます。なぜなら、ネコはほかのネコがつけたにおいを確認し、新たに自分のにおいをつけて安心するからです。尿スプレーは、**顔や体をスリスリしてにおいをつけるスプレーより効果が数段上**なのです。いちばん強烈な自分のおしっこのにおいをつけるのですから。

尿スプレーするネコの70％以上は、2匹以上で飼われており、ネコを10匹室内で飼育すれば、1匹はかならず尿スプレーするといわれています。もちろん1匹で飼われていても尿スプレーするネコはいるし、30匹ネコがいても尿スプレーしないでうまく暮らしていくネコがいないわけではありません。

困るのは、ネコがいったん尿スプレーを始めると、自分のスプレーした場所のにおいが薄れてきたり、ほかのネコのにおいがついたときに「また、尿スプレーしなくちゃ……」という義務感にかられるように、何度でも尿スプレーを繰り返してエスカレートします。まれに、尿スプレーと同じように、自分のなわばりを誇示するため、よく見える場所にうんちするネコもいます。

尿スプレーの原因は？

　尿スプレーは、ふつうの排泄行動と違い、ネコ同士のコミュニケーションをとる役割をはたしています。そのため、性ホルモンの影響や、同居ネコとの社会的な衝突が、尿スプレーの原因と

尿スプレーの体勢

尿スプレーは立った姿勢のときもあるし、しゃがんだ姿勢のときもある

なることがよくあります。さまざまなストレスや、なんらかの不安感が引き金となり、ときには1つひとつの小さなストレス要因が積み重なって、ネコが尿スプレーを始めることもあります。

・性ホルモンの影響

尿スプレーは、性的に成熟し、去勢していないオスネコや避妊していないメスネコ（とりわけ発情期）に多く見られる行動です。そのため、去勢・避妊手術で、ほとんどの場合は抑制・防止できます。しかし、発情する前に去勢・避妊手術をしても、約10％のオスネコ、約5％のメスネコは、成ネコになってから尿スプレーするともいわれています。

・同居ネコとのいさかい

尿スプレーするネコの70％以上が、多頭飼いされています。このことから、ネコ同士の社会的に不安定な関係からくる緊張や不安感が大きな原因となります。いままでなんの問題もなかったネコ同士の関係が、突然悪化する場合もあります（107ページ参照）。

・環境の変化によるストレス

ネコは、些細な環境の変化にも敏感にストレスを感じとります。なんらかのストレス（19ページ参照）が尿スプレーを始める要因となります。

・不十分なトイレ事情

特にネコを多頭飼いしている場合は、不十分なトイレ事情（数が少ない、不潔など）への不満がきっかけで、ネコが尿スプレーを始めることもあります。尿スプレーの頻度は、トイレ事情の改善で減る傾向にあるからです。

・遺伝的要素

ストレスの影響を受けやすい神経質なネコや、興奮しやすいネコは、特に尿スプレーする可能性が大きくなります。

・不十分な社会化

ネコが社会化期とも呼ばれる子ネコの時期（生後2～8週齢）に、母ネコや兄弟ネコと十分に接触せずに育つと、社会環境に適応

尿スプレーの原因の例

外のネコが気になるにゃー
家の外にいるネコに不安を感じることもある
ここは僕のなわばりにゃーッ
なわばり争いで大きなストレスを感じることも
尿スプレーの原因を見極めて取り除くことが大切だ

しにくく、においなどの環境刺激にも、より敏感に反応しがちです。このため、尿スプレーする可能性が大きくなります。

尿スプレーの対処法

まず、去勢・避妊手術をしていない場合は、**手術**をおすすめします。90％以上は尿スプレーがおさまります。次に大事なのは、ストレスや不安感の原因となる要因を探しだして、できるかぎり取り除くことです。ネコにとってより快適な環境を整えたり、飼い主とのアクティブな遊び時間をつくることが、ストレス解消にもつながります。

・去勢・避妊手術

去勢・避妊手術をすれば、90％以上は尿スプレーがおさまるうえ、生殖器の病気（精巣腫瘍、乳腺腫瘍、子宮蓄膿症など）も防げます。性的ストレスから解放され、発情期に大きな声で鳴きわめくといった問題もおさまり、特にオスネコの場合、けんかや放浪・脱出ぐせがなくなったり、性格も子ネコに戻ったように甘えることが多いです。

・ストレスの軽減

ストレスや不安感の原因に心あたりがあれば、改善します。ネコ同士のいさかいが原因なら、それを解決しなければ尿スプレーは決して治りません。ネコ同士の関係が悪い場合は、86ページを参照してください。

原因がわからない場合は、ネコの日常の様子を簡単にメモすると探しだすのに役立ちます。たとえば、尿スプレーした日には、その時間、回数、場所などを簡単にメモしてください。そしてその日にあったことを思いだしてください。ノラネコがきた、来客があった、動物病院に行った、あまり遊んでやらなかった、家族内でけんかがあった……などです。これをしばらく続けているうちに、なにかしら原因が見えてくることがよくあります。

　また、すでに試した対処法を、効果があったかどうかわかるように、小さなことでも簡単にメモします。たとえば、トイレを増やした、爪とぎ場所をつくった、ネコと遊んだ……などです。

尿スプレーに困ったら①

去勢手術・避妊手術を検討する

・日にち
・マーキングの場所
・○○対策
・あった出来事（来客…etc）
メモ

日々のネコの生活をよく観察して、ストレスの原因を探りだし、軽くするようにする

・飼い主の反応

もし、ネコが尿スプレーの体勢を「現行犯」で見せたら、手をたたいたり（できれば飼い主がたたいたと悟られないように）、物を落としたりして、音をだすことで注意をそらしてください。しかし、尿スプレーの箇所を見つけても**決して叱ってはいけません**。叱っても、ネコは飼い主がいないところで尿スプレーするようになります。また、時間が経ってから叱られた場合、どうして叱られたかが理解できず、飼い主との信頼関係が壊れることで不安感が増し、ネコの尿スプレーを強化することにもなりかねません。

尿スプレーに困ったら②

ネコを叱らない

尿スプレーのにおいを
残さない

・尿スプレーの場所をしっかり掃除

尿スプレーのにおいは、ネコを新たに尿スプレーするよう刺激します。においが薄れてくると同じ箇所に尿スプレーします。ですから、尿スプレーされた箇所のにおいを、**完全に取り除く**ことが大事です。ネコには注意を払わず、尿スプレーした部屋からだしたあと、トイレ以外の場所での排泄行動の対処法と同じように処理します（52ページ参照）。

もしも、尿スプレーする箇所が壁の何カ所かにかぎられているなら、**尿スプレーを容認するという妥協策**もあります。この場合、掃除しやすいようにその箇所の床にプラスチックの浅い容器を置き、壁にプレキシガラス（アクリルシート）やプラスチックカバーなどを貼るとよいでしょう。

・物理的にその場所に尿スプレーできないようにする

部屋を整理整頓して、尿スプレーされては困るものは、尿スプレーできない場所にしまいこむか、プラスチックなどのカバーをかけます。個人の持ち物や衣類、小さな電気製品などです。

ソファーやベッドなら、プラスチックのカバーをかぶせたり、一時的に物（ダンボールなど）を置くなどして、尿スプレーできないようにします。場所によっては、ネコがその上を歩くのをいやがるように、プラスチックの人工芝のようなものやアルミホイルを置いたり、両面テープを貼ったりします。

なお、ネコが近づくと、センサーで自動的に水が噴射するスプレーをはじめ、さまざまなネコよけグッズがありますが、ネコは頭がいいので、**一時的な効果**しかなく長続きしません。

防ぐだけでは根本的な解決にならないので、かならずストレスや不安感となる要因を取り除いてください。

尿スプレーされた場所の掃除方法

1.
まずは　ネコを部屋から
出す。

ポイ

2.
オシッコの水分をできるか
ぎり拭き取ったあと、場所に
応じて酵素入り洗剤や
お酢成分配合洗剤を
使って拭き取る　×2回

くそ…
薄めたお酢や
クエン酸水溶液でも
いいにゃ

3.
消毒用アルコール×2回

消毒した後
乾かす！

4.
しつこいにおいには
酵素やバイオで
分解する消臭剤。

くんくん
まだ
くさい…

尿スプレーのにおいは徹底的に落とそう。それが再発防止のポイント

・トイレ事情の改善

トイレ以外の場所での排泄行動の対処法(44ページ以降を参照)をとります。

・環境改善

第6章を参照して、より快適な生活環境をつくってください。

・ネコと遊ぶ

第6章を参照にして、ネコとアクティブに遊ぶ時間をつくってください。ストレス解消にもつながります。

・フェリウェイの使用

ネコのほおから分泌される天然のフェロモン(F3成分)を人工的につくった**フェリウェイ**が有効な場合もあります。コットンなどで軽くネコのほおのあたりをこすり、それを尿スプレーをする箇所にこすりつけることで、尿スプレーが軽減される場合もあります(233ページ参照)。この場合、尿スプレーをする箇所は、事前にきれいに掃除してにおいを完全に取ってください。

・薬物療法

解決が困難な場合は**薬物療法**を行う場合もあります。たとえば尿スプレーが、意味もなく何度も手を洗わずにはいられないような人間の「強迫神経症」のように繰り返される場合です。この場合、不安をやわらげて精神状態をリラックスさせるため、脳内の神経伝達物質「セロトニン」の濃度を高める**抗うつ剤**などを使うこともあります。薬だけで問題は解決しませんが、ほかの対策と組み合わせて補助的に使えば効果があります(第6章参照)。

事例 オスネコが近所に現れてから尿スプレーがひどいです

問題

名前：さくら
性別：♀
年齢：3歳、避妊ずみ

さくらは、まだ生まれて5～6週間目で、知り合いの里子募集を通じて引き取りました。引き取ったときはやせ細って、毛が抜けた箇所も何カ所かあり、恐がりでしたが、いまは私たち家族（夫婦と子ども1人）にもよくなつき、私が仕事から帰ると走って迎えにきてくれます。でも、知らない人がくるとどこかに隠れています。ほかに動物は飼っていません。トイレは廊下に1つ置いてあり、排泄物は、毎日取ってきれいにしています。

3カ月ほど前からでしょうか。隣の家の去勢ずみのオスネコがうちの家の周りをウロウロするようになりました。このオスネコはとても人なつっこくて、私の子どもがしょっちゅうなでており、一度、私がいないときに家の中に入れてしまいました。このオスネコはずうずうしくも、さくらの食餌を全部食べてしまいました。さくらはその間、どこかに隠れていたようです。

そんなことがあってから、さくらは出窓、床、家具などいろいろなところに、毎日おしっこするようになりました。**しっぽをあげておしっこをかけているような感じ**です。メスネコなのに、どうしてこんなことするんでしょうか？

見知らぬオスネコがストレスに！

近所のずうずうしいネコに傍若無人にふるまわれて情緒不安定に……。さて、どうする!?

診断

この場合は、隣の家のオスネコの出現がきっかけで、さくらは不安を感じ、尿スプレーするようになりました。尿スプレーはオスネコだけでなく、メスネコにも見られます。避妊手術していないメスネコが発情期になると、それをオスネコに知らせるために尿スプレーすることはよく知られています。しかし、避妊手術をしたメスネコの場合でも、ストレスや不安が原因で尿スプレーを始めることがあります。

さくらは、**自分のなわばりに侵入してきたこのオスネコに不安を感じ、家の中のいろいろな場所に自分のにおいをつけ、ストレスを解消し、安心しようとしている**のです。さくらはどちらかというと、わずかな環境の変化にも敏感に反応するタイプのネコでしょう。さくらは、ネコが社会化する時期（生後2〜8週齢）にほかのネコ（母ネコや兄弟ネコ）と十分に接触がないまま育っていたので、ほかのネコとのコミュニケーションの仕方がわかりません。これも原因の1つです。

対策

この場合、ストレスの原因である**オスネコの出現を避ける**ことがいちばん大事です。隣人と話し合い、オスネコを室内のみで飼ってもらうか、無理なら窓ガラスのさくらの視野が届くところまで目隠し（貼るタイプの目隠しフィルムなどで）して、窓からオスネコを見えないようにします。

また、「オスネコ侵入」の興奮がおさまるまでしばらく、このオスネコのにおいをもち込まないようにしなければなりません。子どもがもしこのオスネコに触ったら、念入りに手を洗ったり、着て

視界をさえぎる

目隠し
フィルム
見えない
にゃ・・・

隣のオスネコを避けるため、窓ガラスに目隠しフィルムを貼るなどして、
外にいる隣のオスネコが見えないようにする

ほかのネコのにおいは落とす

よそのネコちゃんの
においはしっかり
落とそうね～
ゴロゴロ
にゃー

隣のオスネコのにおいをもち込まないように注意する

いた服をすぐに着替えたり、靴を外に置いておくなどするとよいでしょう。

・尿スプレーした箇所をしっかりと掃除

さくらの注意を引かないよう、さくらをおしっこした部屋からだしたあと、お酢成分配合の洗剤や酵素系洗剤で何度かふき取り、70%のアルコール(消毒用アルコール)でふき取ります。このとき、拭いた箇所が完全に乾いていることを確かめてから、さくらを部屋に入れます。

・トイレ事情の改善

さくらはネコトイレを使っていましたが、特に尿スプレーの多い居間に2つめのトイレを置き、いままでよりもひんぱんに掃除します。

・環境改善

居間には、さくらが安心して隠れられる場所を、いくつか増やし、爪とぎが十分にできるように爪とぎ場所も用意します。

・アクティブな遊び時間を設ける

ネコじゃらし棒などを使い、最低でも1日2回(できれば朝と寝る前)15分ほど、さくらと遊ぶ時間を取るようにします。十分な運動でエネルギーを発散することは、ストレス解消にもつながります。

第3章

攻撃行動を解決する

3-1 ネコの攻撃行動とは？

ネコが同居ネコや人間に「ウゥー、シャー」などとうなったり、ひっかいたり、咬んだりする**攻撃行動**は、ネコの不適切な排泄行動と並び、飼い主を悩ませる問題行動の1つです。

とはいえネコが性ホルモンの影響によって示す攻撃性、たとえば去勢していないオスネコ同士が、オスの性ホルモン、テストステロンの影響でなわばりを争ってけんかしたり、母ネコが出産後、性ホルモンのバランスの変化にともない、子ネコを守ろうとして攻撃行動を示すのは、**まったく問題のない正常な行動**です。

ネコが、ほかのネコや人間に攻撃的な態度を示すのは、不安や恐怖から自己防衛本能が働き、危険から身を守ることを目的とした「**防御性攻撃**」の場合が一般的です。どんなネコでも、自分の身に危険が迫れば、防御性攻撃を示すことを理解しましょう。

ネコは、自分のなわばりにいるいないにかかわらず、敵（ほかのネコ、人間、動物）が安全圏に近づいてくると、まず逃げようとするので、むやみに攻撃してきたりすることはありません。

しかし、敵が危険圏に近づき、逃げ場がなければ、ネコは敵を威嚇し、場合によっては攻撃するでしょう。この安全圏や危険圏はネコによっても、同じネコでもそのときの健康状態によって、またそのときの状況、威嚇の激しさや興奮度などによっても変わってきます。

また、攻撃することで敵を追っ払えれば、その攻撃行動はエスカレートし、ネコの危険圏は徐々に広範囲になります。敵との距離がまだあるのに、ネコは攻撃行動を示すようになります。このような状況が繰り返されれば、ネコの攻撃性がさらに増し、威嚇せずに突然襲いかかってきたりする危険なネコになることもあるので十分な注意が必要です。

防御性攻撃とは？

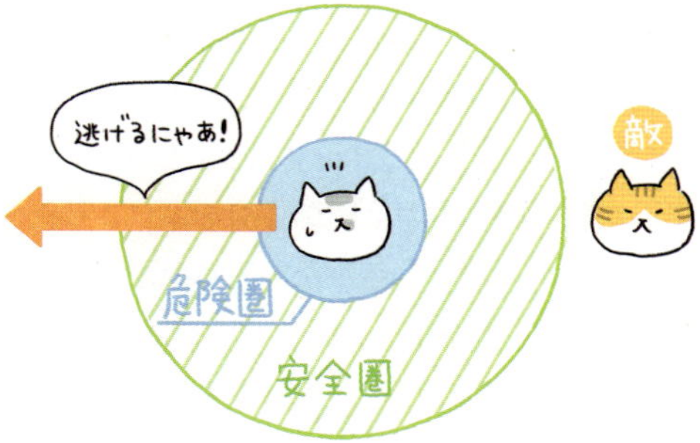
逃げるにゃあ！
敵
危険圏
安全圏

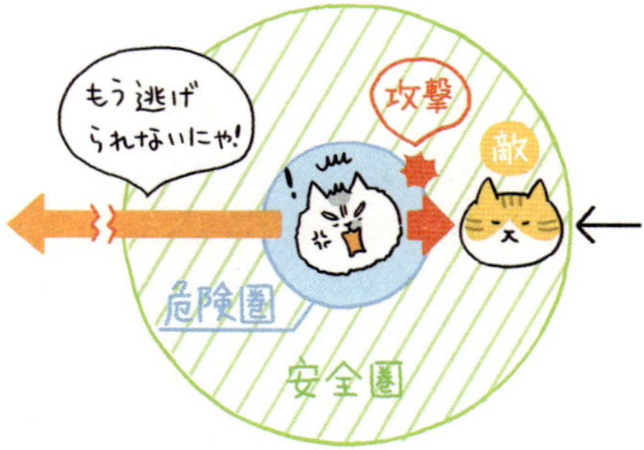
もう逃げられないにゃ！
攻撃
敵
危険圏
安全圏

2匹のネコがにらみ合っている。このあと、しばらく動かずににらみ合うか、緊張をほぐすために全然関係ない行動（地面のにおいをかいだり、毛づくろいするなど）をするか、逃げるか、攻撃にでるかはわからない

ネコがお腹を見せるのは服従ではない!

ネコのボディランゲージから、威嚇や攻撃体勢を読み取れれば、状況の把握にたいへん役立ちます。たとえば、見知らぬオスネコ2匹が自然界ででくわして、1匹が**攻撃体勢**(84ページの図右上)を見せても、もう1匹が**防御体勢**(同図左下)を示せば、そこからけんかに発展することはまずありません(もちろんどちらのネコのテリトリーであるのか、などの状況にもよりますが)。

なぜなら、攻撃体勢のネコは防御体勢のネコより、すでに優位な立場にあり、争わなくても勝ったも同然だからです。優位なネコは、悠々とその場を立ち去るでしょう。ネコも自然の掟に従いムダなエネルギーを使ったり、負傷することを当然避けようとします。

ネコ同士が威嚇しながら、にらみ合いが長時間続いても、十分な安全距離があれば、劣位な立場のネコは頭をゆっくり回し、視線をそらせたり、ときには不自然に横歩きをしながらゆっくりその場を去ったりと、逃げの体勢を見せるでしょう。

しかし、優位な立場にいるネコに追いつめられ、逃げ場がなければ、相手を見据えたまま仰向けにひっくり返り、最大の武器(四肢の爪)を使って相手をまず威嚇し、相手がひるまなければ攻撃しようとします。このポーズは**イヌだとよく服従の体勢といわれますが、ネコにとっては最大の防御体勢**といえます。

このポーズが「遊び」か「本気」か見極めるのが難しい場合もあります。遊びが興じて本気になることもあるでしょう。ネコがうなり、瞳孔が大きくなり、毛が逆立ち、鋭い爪がでていれば、本気だと見てよいでしょう。

本来、ネコは、生後12週間ごろまで母ネコや兄弟ネコといっしょに過ごすことができれば、じゃれ合いながら、どれぐらい爪をだしてもいいか、どの程度ならかんでもだいじょうぶなのかを、しっかり体で学習しています。

ネコの気分はいろいろなサインから読み取れる

次に、ネコのしっぽの動きを見ましょう。ネコは、ネコ同士であいさつするときや、人間にスリスリ近づいてくるとき、しっぽを垂直に立てて親愛の情を示します。一方、攻撃体勢のネコも、恐怖が増すにつれアドレナリンが分泌され、背中が丸まり(毛を逆立て)、しっぽが太くなり、垂直に上げます。また、興奮時や攻撃的なときに、しっぽを大きくひと振りしたり、根元から激しく振ることもあります。

ネコの気分は顔の表情、たとえば目(瞳の大きさ)、耳、ひげの状態からも読み取れます。85ページのイラストのネコの顔❶がふだんの表情だとすると、ネコの顔❷は瞳孔が小さく耳が立ち、耳の後ろ側が前から見え、ひげが前に向けられ怒っている表情です。ネコの顔❸はアドレナリンの影響で瞳孔が大きくなり、耳が頭に沿って横に折れ、ひげは後ろに向けられ、恐れ驚いたときの表情です。

このように、飼い主が、そのときの状況、顔の表情、体勢、しっぽの位置や動き、鳴き声や「シャー、フーッ」などのうなり声など、すべてを総合して、ネコの気持ちを読み取れれば、ネコ同士の攻撃行動の度合いを見極めたり、人間への攻撃行動が起こる前に、それ以上近寄らないようにして、攻撃行動を防げます。

ネコが獲物に忍びより、待ち伏せ、身をかがめて、狙って、跳びつく捕食行動は本来、攻撃行動と区別して考えるべきです。しかし、室内で飼われているネコが、捕食行動をほかのネコや飼い

ネコの攻撃体勢と防御体勢

左上がふつうの状態だとすると、右に行くほど攻撃体勢が増し、下に行くほど防御体勢が増している。いちばん右上は、恐怖を感じていない堂々とした最大の攻撃体勢。逆にいちばん左下は、最大の防御体勢、手足を折り曲げ体を小さくし、しっぽも体の下に丸め込んで隠している。いちばん右下は、攻撃体勢と防御体勢が混じった、最大の防御性威嚇または防御性攻撃、つまり「怖いけど、精いっぱい威嚇して体を大きく見せ、敵の出方によっては攻撃する」という体勢だ

参考:『Katzen-Eine Verhaltenskunde』 Paul Leyhausen/著(1979)

主の手や足に向けて示すことがあります。

　そこで、この捕食行動も含め、攻撃の対象が「同居ネコ」か「人間（飼い主）」かに分けて、ネコの攻撃行動を考えてみましょう。

ネコの表情のキホン

目、耳、ひげの動きに注目しよう

防御性威嚇

内心怖くてしょうがないけれども、威嚇している

3-2 同居ネコへの攻撃行動を解決する
威嚇、ひっかく、咬む

自然界のネコは、単独で獲物を捕らえるため、グループで行動するイヌなどに比べると社会性が乏しく、ほかのネコとの距離（社会的距離）を一定に保ちながら、なわばりの一部をうまく共有しながら単独で行動すると考えられていました（一定の期間を除く。たとえば、ネコの発情期やメスネコが出産後、同じようなメスネコと協力して子ネコをいっしょに育てる育児期など）。

しかし、最近ではネコにも十分なスペースと食料（獲物や食餌）があれば、**複数のネコがコロニー（集合体）を形成して、ある程度の社会的関係を保持しながら生活している**ことがわかっています。

では、飼いネコの場合はどうでしょうか？

ネコを2匹以上いっしょに飼えば、ネコ同士の相互関係が生じます。ちなみにこの相互関係は、**ネコの数×（ネコの数－1）で表せます**。たとえばネコを3匹飼えば、3×2＝6とネコ同士に6の相互関係、ネコを4匹飼えば、4×3＝12の相互関係、ネコが6匹になれば、なんと6×5＝30もの相互関係が生じます。

多頭飼いのポイント

複数のネコを飼う場合、避妊・去勢手術をすませ、十分なスペースと食餌さえあれば問題ないと思われがちです。しかし、ネコが激しいけんかをすることはなくても、ネコが1匹増えることで、ネコにとっては思いもよらない社会的なストレスになる場合があります。

そうならないために、ネコを**多頭飼いする際に気をつけるべきこと**を、ここで少し考えてみましょう。

ネコ同士の相互関係からできるランクづけ

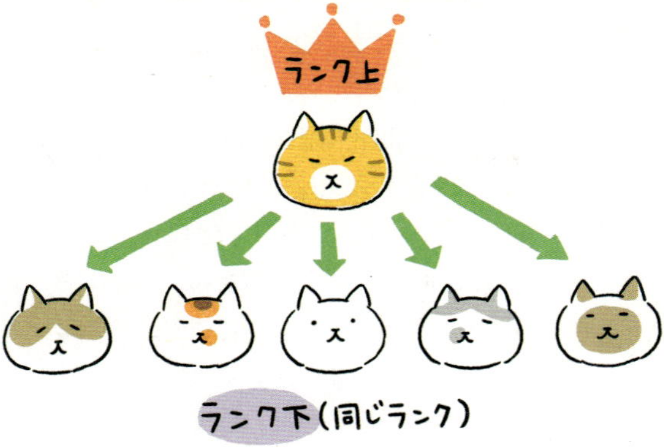
ランク上
ランク下(同じランク)

上は1匹がボスで、残りは横並びの場合

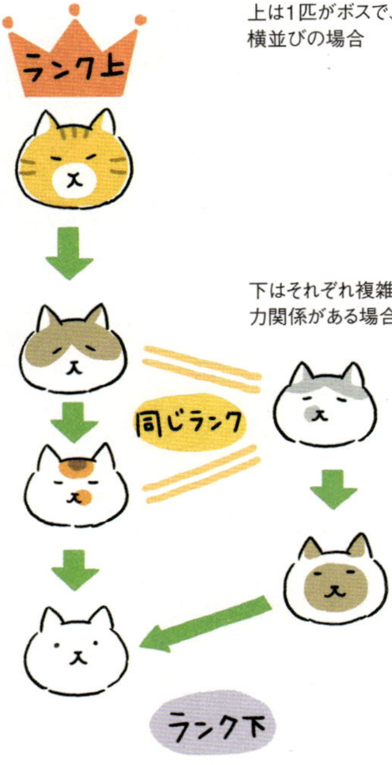
ランク上
同じランク
ランク下

下はそれぞれ複雑な力関係がある場合

ゆる〜いランクづけらしきものはある

本来、獲物を共同で獲ることのないネコには、ネコ同士のはっきりとしたランクづけ（順位づけ）はありませんが、複数のネコを室内で飼えば、いろいろな相互関係から社会関係（順位づけらしきもの）ができあがります。たとえば、ネコが6匹いれば、87ページの図のような関係（ランクづけ）が成り立つこともあります。

グループのなかでは、性別、年齢、大きさ、健康状態、気質などたくさんの要因から、**自然とランクづけができる**と考えられています。しかし、それは絶対的なものではなく、少しの変化で変わってしまう不安定なもので、そのメカニズムは実のところよくわかっていません。ただ多くの場合、去勢していないオスは去勢したオスよりランクが上、去勢したオスはメスネコと同じようなランクづけになります。

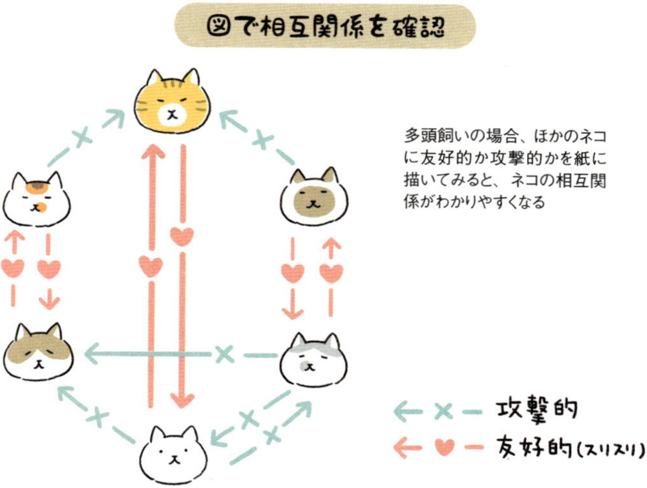

多頭飼いの場合、ほかのネコに友好的か攻撃的かを紙に描いてみると、ネコの相互関係がわかりやすくなる

同居ネコへ攻撃的にならないようにするには?

飼い主が留守がちな場合、ネコを初めから2匹以上飼うことができれば、ネコの行動ニーズが満たされ、精神的にも肉体的にもネコを満足させられるので理想的です。飼い主も、ネコ1匹1匹の性格の違いに驚くと同時に、たくさんのネコとの暮らしに魅了されるはずです。とはいえ、それは、ネコ同士がよい関係にあればの話でしょう。

親子のネコでも、子ネコが成長すると母ネコと相性が合わなくなる場合があります。母ネコに社会性が欠けていると、母ネコは子ネコが性成熟するころに、子ネコがメスでもオスでも激しく追いやる可能性があります。

もし、母ネコが家で出産して子ネコを1匹手もとに残したくて、幸い、母ネコが人間にもネコにも社会性のあるネコなら、まず母ネコの避妊手術をすませてから、メスの子ネコといっしょに飼うのが理想的でしょう。

多頭飼いは、**初めから子ネコを2匹いっしょに引き取ればいちばん理想的**です。オスとメスでも早い時期（特にオスネコ）に避妊・去勢手術すれば、性別の組み合わせを気にすることはありません。特に血のつながった兄弟子ネコは、ずっと仲よくする可能性が高いです。

順番にネコを追加するときはどうする?

しかし、いろいろな事情から、現在ネコがいる家庭に新たに2匹目、3匹目……のネコを迎えなければならない場合もあるでしょう。ネコの社会性は、そのネコの気質、社会化時期の環境や経験に大きく影響されます。子ネコが社会化する時期（2～8週齢）

にほかのネコとコンタクトがなかったり、あってもその後、何年も単独で生活していたネコの場合、そのネコは多頭飼いに向いていないと考えるべきでしょう。ネコが単独で暮らしていた時間が長いほど、ほかのネコと仲よくやっていける確率は減っていきます。

人間と同じく、ネコにもいろいろなネコ同士の相性があるので、一概にはいえませんが、ある程度若く、健康で社会性があるネコ（避妊・去勢していることが前提）なら、一般的に多頭飼いに向いているのは、性別に関係なく、**なるべく同じぐらいの年齢**、**気質**、**大きさ**、**同種**のネコです。このような組み合わせは、活動性や遊びの好みなどが似ているので、相性がよい場合が多いです。

また、いままで何年も1匹で飼われてきた老ネコのもとに、急に新しい子ネコを迎え入れると、子ネコは老ネコと遊ぼうとしてからむなどして、老ネコに大きなストレスとなります。できれば避けたほうがよいでしょう。どうしてもネコを引き取らなければならないなら、子ネコ2匹を1度に迎え入れるのも一案です。なお、ネコを3匹飼うと、どうしても2対1になり、3匹が同じように仲よくする可能性は減ります。

新しいネコを迎え入れるときの注意

新しいネコを迎えるときは、先住ネコが新入りネコを激しく攻撃する場合がありますが、十分な心がまえと準備をしておけば安心です。

・対面の準備

できれば、前もってネコのにおい（フェロモン）の交換をするとよいでしょう。たとえば、数日前から、新入りネコの寝床のにおいがついたタオルと、先住ネコの寝床のにおいがついたタオルを

仲よくなれないネコもいる

ほかのネコと仲よくできる（社会性がある）かどうかは、ネコの気質、社会化する時期にほかのネコとの接触があったかどうかや、その後のネコの経験に影響される

交換します。対面する前に、**お互いのにおいを知ることができる**ので、対面するときのストレスがやわらぎます。新入りネコには、つれて帰るときのキャリーバッグにも、あらかじめ慣れさせておくとストレスが減ります。

・対面の日

まず、対面する部屋に十分な隠れ場所、餌場、トイレなどを用意し、先住ネコにあらかじめチェックさせておきます。その後、先住ネコをその部屋からだして、キャリーバッグに入った新入りネコを部屋に入れ、キャリーバッグを開けます。このとき、**新入りネコが部屋を十分に探索する時間**(最低30分)を与えます。ネコが2匹とも、ある程度社会性をもち合わせるなら、その後、先住ネコを部屋に入れます。

もし、新入りネコがキャリーバッグからなかなかでてこなかったり、うずくまって隠れるような臆病なネコ、また先住ネコが気の強いネコなら無理せずに、新入りネコを数日間その部屋で生活させ、新入りネコが新しい空間に慣れたころ、先住ネコと対面させます。新入りネコに、隠れ場、逃げ場をしっかりと把握できる時間をつくってあげること、両方のネコに安心できる隠れ場所を与えることが大事です。

最初の対面の日は重要です。飼い主は静かに何事もないかのようにふるまってください。いきなりネコを抱っこして「……ちゃんよ」と紹介したり、無理やりネコを近づけたりしてはいけません。あくまでも、**ネコの意思を尊重**してください。平静を装いながらもネコたちをしっかり観察し、もし、どちらかが激しく威嚇して、けんかが始まりそうな気配なら、**迷わずその日の対面は打ち切り**です。その場合は、引き続きにおいの交換をしながら、最初は食餌を与える時間だけ対面させ、少しずつ対面時間を延ばしていきます。

・その後

ネコたちは、ほかのネコに興味を示しながらも、お互いの安全圏を保ちながら、この安全圏を越えると威嚇し合ったりします。

対面前

まず、部屋をゆっくり探索

ご対面

早く仲よくなってもらいたい気持ちはわかるが、あせるのは禁物だ

しかし、この安全圏の距離は徐々に縮まり、数日から数週間でお互いを認め合うようになるでしょう。もちろん、それぞれのネコに十分な寝場所、餌場、隠れ場所、爪とぎ場所、トイレを用意してあげます。飼い主は、いつもどおりにふるまい、様子を静かに見守ってやりましょう。

・人間が間に入ってもよい

6～8週間過ぎても、この安全距離が縮まらない場合は、飼い主が間に入り、徐々に慣らすこともできます。2匹同時におやつをあげたり、遊んであげたりします。その際、先住ネコをかならず優先します。理想は**人間が1人ずつ、それぞれのネコをかまってあげる**ことです。

おいしいにおいのするツナ缶の汁などを、両方のネコの体に少しだけぬれば、ネコは毛づくろいを始め、緊張がやわらぎリラックスする効果があります。2匹がお互いに毛づくろいを始めれば、いうことはありません。もし先住ネコが人間に甘えるネコなら、ふだんよりもっとかわいがってあげましょう。

まれに、先住ネコが自分のテリトリーを侵され、激しい攻撃体勢を示し、新入りネコを攻撃する場合があります。こんな場合は、ネコばかりでなく人間もケガをしないように、すぐにタオルなどを投げてネコを包み、2匹をいったん別々の場所へ隔離するようにしましょう。この場合飼い主は、102ページからの内容を参考に、気長にネコを慣れさせる努力をするか、残念ですが、新入りネコをあきらめることも選択肢の1つとして考えなければなりません。

なお、ネコ同士は、仲よくなることもあれば、けんかすることもありますが、場合によっては、お互い興味を示さず、仲よくもならず、けんかもしない無関心な関係になることもあります。

ネコまかせにしないで飼い主がコントロールする

人間が仲に入って
もにもに
もにもに
遊ぶ
おいしい
餌やツナ缶
の汁をあげる
かわいがる

いつも先住ネコ優先!!
1
2

飼い主が間に入って仲を取りもつ。ポイントは、いつも先住ネコを優先すること

同居ネコへの攻撃行動の原因は?

同居ネコへの攻撃行動は、原因によって大きく以下の**4タイプに分類**できます。しかし、すべての攻撃行動がこれらの分類にあてはまるわけではありません。人間でも家族同士でたまにはけんかすることがあるのと同じで、ネコにもたまにはいらついて機嫌が悪い日があり、ほかのネコとちょとしたけんかをしたり、遊びがエスカレートして興奮することもあります。ネコがけんかをするときは、どちらが攻撃的で、どちらが防御体勢をとっているのかを見極めることも大切です。

❶防御性攻撃

同居ネコが、なんらかの理由で危険な対象となれば、ネコは自分の身を守るため、80ページで解説したように「防御性攻撃」を示します。

❷転嫁攻撃

ネコは、いままで仲よしだったネコに突然「**転嫁《てんか》攻撃**」とも呼ばれる攻撃行動を示すことがあります。ネコが自分の手の届かない対象、たとえば、窓のそばをウロウロするノラネコ(刺激)に対して、興奮したり攻撃感を抱くとしましょう。この行き場のないうっぷんや怒りの矛先が、たまたま近くにいたネコに向けられるのが転嫁攻撃です。攻撃対象を「転嫁」するわけで、まさに「**八つ当たり**」です。

なにかのにおいや突然の音などの刺激にびっくりしたり、しっぽがドアに挟まったり、踏まれてびっくりしたりして興奮状態になったときなどにも、この転嫁攻撃が示されることがあります。

さらに困ったことに、もともとの刺激（この場合はノラネコ）がなくても、ほかのネコに攻撃行動を、引き続き示してしまうことがあるのです。ひどい場合は、同居ネコを見ただけで興奮して繰り返し攻撃しようとします。この刺激となる原因は、いつもはっきりしているわけではなく、突然のネコの攻撃行動に、飼い主がとまどうこともしばしばあります。

転嫁攻撃

まさに八つ当たりで、やられるほうはいい迷惑だ

もちろん、突然攻撃された同居ネコはたまったものではありません。逃げるか、攻撃される前に相手を威嚇し、防御性攻撃を始める場合もあります。このような状態が長く続けば続くほど、ネコ同士の「友情のきずな」に亀裂が入り、仲直りするのは難しくなります。

❸なわばり性攻撃

ネコは、オス・メスにかかわらず性成熟に達すると、オスはパートナーネコのいる場所の確保、メスは子育て場所の確保のために自分のなわばりを守ろうとし、「**なわばり性攻撃**」を示します。しかし、去勢・避妊手術をすませて、室内で飼われているネコは、十分な食餌や休息場所をはじめとするスペースがあれば、なわばり意識は弱まります。

特に子ネコのときから、ほかのネコと生活し、食餌やスペースを分け合って暮らすのに慣れているネコは、このなわばり性攻撃を示すことはめったにありません。

しかし、去勢・避妊手術をすませても、なわばり意識が強く、室内のかぎられた「資源」、たとえば食餌や寝場所などをほかのネコから守ろうとするネコもいます。

なわばり性攻撃を示したことがないネコでも、新しいネコを迎えるときに、新入りネコに対して激しいなわばり性攻撃を示すこともあります。

❹社会性攻撃（優位性攻撃）

複数のネコを飼っていて、ネコ同士の緊張した関係や順位づけがうまくいっていない場合に見せる攻撃行動を「**社会性攻撃**」または「**優位性攻撃**」と呼びます。ネコはボディランゲージによって、無用な争いを避ける術を身につけています。

しかし、早い時期(5週齢以前)に母ネコ、兄弟ネコから離され、ほかのネコと十分なコンタクトをとる機会がなかった子ネコは、大人になってからも、ほかのネコとのコミュニケーションの仕方

なわばり争い
フーッ
シャーッ

通常、去勢していないオスネコのなわばりの大きさは、メスネコや去勢したオスネコの3.5倍にもなる。ネコがお互いを「かわす」ことができるスペースがなければ、けんかの原因になる

優位なネコは高い場所を好む
にゃーん
私が一番
ボクは三番

一般的に、高くて見晴らしのよい場所や、ほかのネコがよく通る通り道などに陣取るネコは、優位な立場にある。とはいえ「早いもの勝ち」や「時間差で利用」などといったネコのルールもあるようだ。外向的で社会性のあるネコは、食餌を食べるとき、人間とのコンタクトや遊ぶときなど、内向的で臆病なネコより優位な立場にある

がわからないことがあります。この場合、ほかのネコを恐れたり、精神的に不安定になり、感情をうまくコントロールできずに攻撃的になることもあります。

ネコ同士の関係は、ネコの気質や相性にも大きく左右されますが、なにかのきっかけで、気の強いネコが臆病なネコをいじめ始めることもあります。刺激のない退屈な生活環境やストレスは、さらにネコの攻撃性に拍車をかける要因となります。

これらの攻撃行動への対処方法は?

・原因を取り除く

転嫁攻撃は、原因がはっきりしているなら、極力その原因を取り除きます。たとえば、原因が隣のネコなら、隣のネコを見えないようにするなどです。

ネコ同士が激しくけんかをする場合は、原因がなんであれ、エスカレートしないうちに早めに完全に隔離し、根気よく徐々に慣らしていく必要があります。けんかが繰り返されるほど、仲が悪い時間が長いほど、仲直りできる可能性は確実に減っていきます。**飼い主がすぐに対処する**のがポイントです。

ネコ同士が衝突を避けられるように、十分なスペース、特にほかのネコから見られないような隠れ場所づくり、ネコが安心できる環境づくりに努め、エネルギーを十分発散できるように、ネコとアクティブに遊んであげるのが大事です。

・オスなら去勢する

去勢していないオス同士が激しいけんかを繰り返すなら、去勢することで、なわばりを守る動機(パートナーネコのいる場所の確保)も弱まり、なわばり性攻撃も軽減されます。

・お互いを離す

ネコ同士のけんかにでくわしても、ケガをする恐れがあるので決して手をだしてはいけません。なだめたり、騒いだり、怒ったりせず、ネコを大きなタオルなどで包みこんで、ほかの部屋に連れていきましょう。興奮状態が鎮まるまで、**最低でも2時間**そっとしておきます。

餌の時間にふたたびネコをいっしょにしてみます。緊張や興奮状態を示すようなら、完全に隔離して、徐々に慣らしていきます。

・ネコ同士の関係を見極める

優位な立場のネコが、悠々とした態勢で臆病なネコを少しずつ、長期にわたりジリジリと追いやることがあります。このとき、飼い主が、恐ろしい形相でうなりながら防御性攻撃する、逃げ場のない追いやられたネコの姿を偶然目撃すると、**追いやられたほうのネコを凶暴なネコと勘違い**する場合もあります。

日ごろからネコのボディランゲージに注意して、遊んでいるのか本気でけんかしているのか、どちらが優位な立場にあるのかな

左側のネコが右側のネコを追いつめ、右側のネコは怖がって防御体勢の威嚇をしている。飼い主は右側のネコが怖い顔をしているので凶暴なネコと勘違いしてしまうこともある

ど、ネコ同士の関係をある程度把握しておきましょう。

いつも追いやられる「いじめ」に合うネコは、なんらかの病気にかかっている場合もあるので、一度獣医師にチェックしてもらったほうがよいでしょう。科学的な根拠はありませんが、ネコはなにかしらほかのネコの病気（たとえば腫瘍など）の兆候を、人間よりもいち早く察知し、その弱みにつけこんでいじめる場合もあるようです。

いつも追いかけられて、びくびくしながら隠れているような臆病なネコは、別の家庭にもらわれていっても、やはりほかのネコがいればいじめの対象になる可能性が高いので、ほかのネコがいない環境で飼ってあげられれば理想的です。

・仲が悪くなったネコを徐々に慣らす

2匹のネコの仲が急に悪くなった場合や、ネコの相性が悪く、いじめが激しい場合は、**2匹を完全に隔離し、徐々に慣らします**。

❶まず、2匹を別室や廊下で区切るなどして完全に隔離し、餌場、トイレ、爪とぎ場所、寝場所などもそれぞれ別に用意し、ネコが安心できる環境を整えます。その際、完全にお互いの姿が見えないようにします。ダンボールや布などで目隠ししてもかまいません。ペット用の間仕切り、ベビーゲート、ガラスドア、家にある網戸などを利用するといいでしょう。市販の金網やパネルをつっぱり棒に結束バンドで固定するなど、家にあるものを工夫してもかまいません。

❷仲の悪さに応じて、数日から2週間ぐらい完全に2匹を離します。その際、1日おきに寝場所のタオルを交換したり、部屋を交

代すると、お互いのにおいを共有できます。

❸次に、餌を食べるときだけ目隠しを外します。これは、「相手の存在＝おいしいもの＝好ましい」と、ネコが関連づけるようにするためです。初めは餌入れを十分に離し、徐々に餌入れを近づけていきます。目安は2日ごとに約5cm程度です。食餌中、ネコがかならずリラックスしていることを確認します。どちらかのネコが少しでも興奮状態を示したら、餌入れの距離をふたたび遠ざけ、前の段階に戻します。決してあせらず、ネコの様子を見ながら、最低でも3週間は続ける覚悟で、少しずつ慣らしていきます。

❹最終段階です。ネコ同士が（目隠しなしの）網越しで、リラックスして食餌できるようになったら、仕切りを取って、まずは人間が間に入り食餌（おやつ）を同時にあげます。距離をだんだん近づけていき、ネコが好んで食べるおやつなどを同時にあげます。以前は仲がよかったネコ同士なら、ネコの体にツナ缶などの汁をつけ、ネコが体をなめ合うように仕向けてもよいでしょう。そのほか、仕切りを取っているときに遊んであげたり、なでてやったりと、それぞれのネコが好むことをしてあげます。それぞれのネコを、1人の人間が担当し、かまってあげられれば理想的です。

これがうまくいったら、様子を見ながら仕切りを取っている時間を毎日少しずつ（あせらず10分単位で）延ばしていきます。ネコが緊張や興奮したらすぐに引き離せるように、かならず見守らなければなりません。ネコが同じ部屋に2時間ぐらい問題なくいられるようであれば、人間の目の届く時間はいっしょにします。**この状態が1週間続くようであればネコをいっしょにします。**

2匹のネコの仲が急に悪くなった場合、可能であれば2匹のネコがまったく出入りしたことのない部屋で、同様にいっしょにいる時間を少しずつ延ばせば、新しい部屋への探索心のほうが大きいためか、仲が悪くなったネコ同士の攻撃性があまり見られず、スムーズに仲直りができる場合もあります。

ネコ同士の慣らし方

つっぱり棒
市販の格子パネルや
網をつっぱり棒に
固定するなど…
工夫をこらす

❶ネコを徐々に慣らす
❷完全に隔離する。このときお互いの姿が完全に見えないようにする
❸お互いのにおいを交換する
❹食餌の時間だけ、網越しに顔を合わせる。食餌入れは、十分な距離を保つ
❺食餌の時間だけ、網越しに顔を合わせる。食餌入れは、少しずつ近づける

ポイント!
飼い主が焦らないことと、ネコがリラックスしていることをかならず確認する

❻仕切りを取って、同時に遊んだり、おやつを与える時間を延ばす

ポイント!
飼い主がかならず見守る

・環境改善

第6章を参考にして、ネコにとってより快適な生活環境をつくります。特にネコ同士が衝突を避けられるように、十分なスペース、特に縦の空間を利用して、どのネコにも十分な隠れ場所を与えます。いくら仲のよいネコでも、1匹だけで誰にもじゃまされずリラックスできる「プライバシー」を確保できる空間が必要です。本棚の本をどけたり、イスを大きな布で覆ったり、ダンボールの箱を置いたりなど、いろいろ工夫してください。

・ネコと遊ぶ

第6章を参考に、ネコとアクティブに遊んだり、アクティブに食餌を与える時間をつくってください。ネコはエネルギーを発散できて、ストレス解消にもつながります。

・フェリウェイやフェリフレンドの使用

「フェリウェイ」や「フェリフレンド」に効果がある場合もあります。コットンなどで軽くネコのほおのあたりをこすり、それをほかのネコにつけることで、ネコ同士の緊張が緩和される場合もあります（フェロモンの交換。第6章参照）。

・薬物療法

解決が困難な場合、ネコの不安をやわらげたり、興奮状態をうまくコントロールして精神状態をリラックスさせるため、脳内の神経伝達物質「セロトニン」の濃度を高める抗うつ剤などを使用する場合もあります。決して薬だけで問題が解決するわけではありませんが、そのほかの対策と組み合わせて、補助的に使うことで効果が見られます（第6章参照）。

環境改善

かならず、安心できるお気に入りの休息場所をどのネコにも
確保する。多くのネコは高いところが好きだ

事例 仲がよかった姉妹が急に険悪になってしまいました

問題

名前：クロ、ミルク
性別：♀
年齢：2歳

クロとミルクは姉妹ネコです。

生後3カ月で友人から引き取ったネコで、たまにけんかをすることもありますが、お互いをなめ合ったり、寝るときもくっついて寝るほど仲よしです。完全に室内で飼っていますが、自宅のバルコニーにはネットを張って、ネコが自由に出入りできるようにしています。

4日前の夜の10時ごろでしょうか。突然、大きなネコの叫ぶ声が聞こえて、あわててバルコニーにでると、**ミルクがクロに本気で飛びかかり、取っ組み合いをしている**ところでした。思わず、ほうきで2匹を離し、とても興奮しているようだったので、とりあえず別々の部屋に入れました。クロはひっかかれたのか、頭に少しケガをしているようでした。

次の朝、2匹とも落ち着いているようだったのでいっしょにしようとしたところ、クロはミルクを見るなり、うなり声をあげ（ミルクはいつもどおりでした）、いまにも飛びかかりそうな気配を見せたので、あわてて引き離しました。2匹はあんなに仲よしだったのに、いったいどうしたんでしょうか？

診断

この事例では、お話を聞くうちに、実は半年前にも同じようなことがあったことがわかりました。そのときは、バルコニーに隣のオスネコが近づいてきて、2匹が興奮して騒ぎだし、うなりながらけんかを始めたそうですが、数時間で興奮はおさまり、その後は何事もなかったかのように、もとどおりに仲よくなったようです。4日前の夜になにがあったかは断定できませんが、隣のオスネコがまた現れたか、においや音、なにか半年前のことと結びつくような刺激がきっかけとなり、どちらかのネコが興奮して、もう1匹のネコに飛びかかったと思われます。

クロはミルクに攻撃され、ケガまでしたことが大きな心の傷(トラウマ)となっています。ミルクに危険を感じ、自分の身を守ろうとする**防御性攻撃**を示しています。

対策

ノラネコが完全にこないようにすることはなかなか難しいですが、今後、2匹がけんかするような状態をつくらないように、飼い主の目の届かない時間(特に夜)は、バルコニーにださないようにします。クロとミルクは、数日間完全に隔離し、餌場、トイレ、寝場所などもそれぞれ別に用意し、クロとミルクが安心できる環境を整えます。部屋は1日ごとに交換して、お互いのにおいを交換します。網の仕切りごしに餌の時間だけ、徐々に2匹の餌入れを近づけていきます。

食餌中は、特に**クロがかならずリラックスしていることを確認**します。クロとミルクのどちらかが少しでも興奮状態を示したら、餌入れの距離をふたたび遠ざけ、前の段階に戻します。

ひょんなことから関係が悪化することがある

同じことが繰り返されないように、ミルクが興奮した原因を取り除くとともに、ミルクとクロの関係を修復するのが大切だ

クロとミルクが、網の仕切りごしに顔を合わせてリラックスして食餌できる状態になったら、仕切りを取って、人間が間に入っておやつを同時にあげます。その距離をだんだん近づけていき、最後に、「**相手の存在＝おいしいもの＝好ましい**」とネコが関連づけるように、ネコが好んで食べるおやつなどを同時にあげます。そのほか、仕切りを取っているときに遊んであげたり、なでてあげたり、クロとミルクが好むことをしてやり、仕切りを取っている時間を毎日少しずつ延ばしていきます。クロとミルクが同じ部屋に2時間ぐらい問題なくリラックスしていられれば、人間の目の届く時間は2匹をいっしょにします。この状態が1週間続けばクロとミルクをいっしょにします。

環境も改善します。規則的にクロ、ミルクとアクティブに遊ぶ時間をつくり、今後の衝突を避けるためにも、クロとミルクが安心できるよう、それぞれの休息場所や隠れ場所を増やします。

あせらず少しずつ仲よしにさせる

1. 完全隔離
ダンボールなどで
目かくし
2. 食餌の時間目かくしとる
ちょっと
キンチョー
3. 餌入れの距離を少しずつ
近づける
リラックス♪
4、人間をはさんで餌
世話が
やけるね…
5. 近くでおやつ
はやく
仲なおりしな
6、Happy End!

ネコの仲が悪くなった場合は、あせらず、だんだんと2匹の距離を近づけて慣れさせる

3-3 人間に攻撃的 威嚇、ひっかく、咬む

ネコは、社会化する時期に人間と接触がなかったり、人間と嫌な経験をすると、人間に対する恐怖心や不安から、攻撃的(防御性攻撃)になります。また、社会化する時期に人間と接触があり、人間になついているネコであるにもかかわらず、人間を威嚇したり、ひっかいたり、咬んだりする攻撃行動を見せるネコは、かならずなんらかの原因があります。その原因を見極めることが大事です。

どんな場合も、ネコが威嚇の体勢をとったら、ネコをそれ以上興奮させないように、**ネコとの安全距離を保つ**ようにしなければなりません。ネコの興奮状態は思いもよらぬほど長く続くことがあります。

もしネコに咬まれるようなことがあれば、冷静に対処し、すぐに流水で十分に洗い流してから消毒し、軽い傷でも念のため病院で診察してもらうと安心です。ネコに咬まれた傷は、ネコの口腔内のパスツレラ菌などによる感染症を起こす率が50%以上といわれています。イヌなどに比べ**小さな牙が、深い傷をつくります**。ですから、細菌が内部で増加しているのに傷口が比較的すぐ閉じてしまい、特に手の神経、腱や骨にまで炎症が広がったり、最悪の場合、特に免疫力が落ちていたり、アルコール中毒症だったりすると、敗血症などになることもあります。

ネコが人間をみずから狙って攻撃してくることは、めったにありませんが、もしネコが原因不明で突然激しく人間を襲うようなことがあれば、ネコに刺激を与えないようにし、身体疾患の可能性、たとえば、てんかん、中枢神経を侵す感染症、腫瘍、甲状腺

機能亢進症（190ページ）、知覚過敏症（192ページ）や多動性障害（193ページ）などを疑い、かならず獣医師に診察してもらいましょう。

ネコに咬まれたらどうする？

ガブーッ
いたたたた

ネコに咬まれたら……

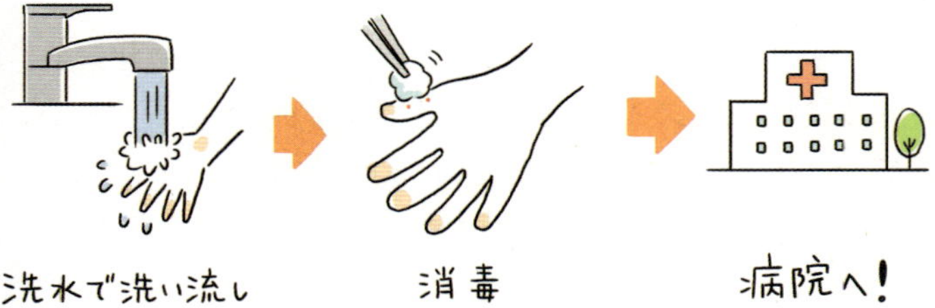
洗水で洗い流し
消毒
病院へ！

ほおっておくと
思わぬ後遺症が
残ることもあります

傷は小さくても深いので油断しないで

人間を攻撃する原因

人間への攻撃行動は、原因によって大きく以下の６タイプに分類することができます。

❶防御性攻撃

子ネコのとき十分に社会化する機会がなかったネコや、人間にいじめられた経験をもつネコは、人間を怖がり、防御性攻撃を示しがちです。社会性のあるネコでも、飼い主の間違った対処（叱る、体罰など）が原因で、防御性行動を示すこともあります。また、ある状況において、防御性攻撃を示す場合もあります。たとえば、急になにかに驚いて「怖い！」と感じたとき、などです。

❷愛撫に誘発される攻撃

ネコが飼い主になでられて、一見気持ちよさそうにしているにもかかわらず、おなかなど敏感なところにふれられたり、ふとしたことがきっかけで、突然、飼い主の手をひっかいたり、咬みついたり、後ろ脚でけったりする「愛撫に誘発される攻撃」とも呼ばれる行動を示すことがあります。

このようなネコは、体をさわられることに対する許容値（閾値《いきち》）が低いと見られています。この許容値はネコによって差があります。たとえば、子ネコのときに人間になでられることがなく人間とのスキンシップがあまりなかったネコは、人間の少しの手の動きなどにも敏感に反応し、なでられることに対し許容値が低いといえるでしょう。

ネコは「もう、十分！」となんらかのサインを示しているのですが、たいていの場合、飼い主はそのネコのサインに気づかずなで

愛撫に誘発される攻撃

ネコの表情や仕草を敏感に察知すれば、「さじかげん」がわかってくる

続けるので「**突然豹変したように咬んでくる！**」という表現になるのです。

❸飼い主に向けられた捕食行動や遊び攻撃

ネコは、人間の動く足を獲物に見立てて、静かに忍び寄り、身を低くかがめて、急に跳びついてきたりする「**捕食行動**」を示すことがあります。捕食行動といっても、飼い主の手や足を本当に食べたいわけではなく、動いているものを見るとつい捕まえたくなってしまうネコの狩猟本能から起こる行動です。特定の動きや音が刺激となり、空腹でなくても獲物を捕まえようとします。

またネコは、人間と遊んでいる最中に興奮状態に陥り、動く手などをひっかいたり、咬みついてきたりする「**遊び攻撃**」を示すことがあります。

本来、ネコは生後12週間ごろまでに、兄弟ネコたちといっしょに追っかけっこをしたり、飛びかかったり、咬みついたりしながら、ネコ同士で「咬んでもよい限度」を体得していきます。しかし、子ネコのときにこのような社会学習をする機会のなかったネコは、人間に対してもどれくらいの強さで咬んでいいかわからないまま育つことがあります。

また、室内で飼われているネコは、ほかのネコと遊ぶことや、飼い主がアクティブにネコと遊んであげることで、狩猟本能を満足させます。しかし、十分にその欲求が満たされなければ、捕食行動が飼い主の足や手に向けられることがあります。

ここで、飼い主が逃げたり騒いだりするほど、ネコは自分が相手にされていると思い、飼い主に向けられた捕食行動や遊び攻撃が一段とエスカレートします。また、ネコとの間違った遊びや、それによる欲求不満が要因になっていることもあります。ネコとの間違った遊びは、人間の手でネコを挑発したり追わせる遊びや、壁に当てられたレーザーポインターの光を追わせたりする遊びです。人間の手でネコを挑発したり追わせれば、ネコは手をひっかいたり、咬みついたりしてもいいと思ってしまいますし、レーザーポインターの光は捕まえられないので絶対に成功を得られず、欲求不満になります。

❹転嫁攻撃

96ページでお話しした転嫁攻撃が、たまたま近くにいた人間（飼い主）に向けられる場合があります。

❺痛みに誘発される攻撃

獣医師のもとでの痛みをともなう診察時や、ブラッシングなど体のケアやケガの手当てなどをする際、痛みを感じたときに示す攻撃行動を「**痛みに誘発される攻撃**」行動といいます。

❻なわばり性攻撃

まれに、ネコが自分のなわばりを守ろうとして、来客などに対して「**なわばり性攻撃**」を示すこともあります。

飼い主に向けられた捕食行動

困りものだが、狩猟本能からついつい動く足に忍びより、捕まえたくなるのだ

人間を攻撃するネコへの対処法

ネコは攻撃行動を示すことで嫌な状況を回避できると、攻撃行動はますます強化されます。十分な隠れ場所をはじめ、ネコが安心できる環境づくりに努め、エネルギーを十分に発散できるよう、ネコとアクティブに遊んであげることも大事です。

❶防御性攻撃

ネコが興奮状態やパニック状態になり、防御性威嚇や防御性攻撃を示したら、そっとしておきましょう。決してネコをなぐさめたり近づいたりしてはいけません。もしネコがひっかいてきたり、咬みついてきたら、どんな理由にせよ、大声をあげたり罰したりせず、無視します。無視とは、**見ない、しゃべりかけない、さわらない**ということです。

そして、その部屋を静かに立ち去り、ドアを閉めます。最低でも30分は待ちます。ネコの興奮状態は、思いのほか長引く場合もあるので様子を見ます。ふたたび部屋に入っても、最初の2～3分はネコを無視します。たたくなどの体罰を与えれば、ネコは飼い主を怖がるようになり、飼い主との関係が悪化するばかりか、飼い主に対して防御性攻撃を示すようになります。

❷愛撫に誘発される攻撃

まず、ネコがさわられると嫌がる敏感な体の部分（おなかなど）があれば、初めからさわらないようにします。そして、なでるときは、ネコがリラックスして気持ちよさそうにしているときを狙います。このとき、飼い主もリラックスし、ゆったりとした動作でネコの名前などを呼びながら、なでましょう。

なでる時間は、最初は短時間で、少しずつ延ばしていきましょう。飼い主はネコの表情、体勢、しっぽの動きなどから、ネコの微妙な気持ちを読み取り、嫌がる前にやめなければなりません。このタイミングを見極めるのは簡単ではありません。日ごろから**ネコの様子を注意深く観察**する必要があります。テレビを観ながらなど「〜しながら」なでるのはダメです。

ネコが少しいらいらしてきた様子を見せたら、なでるのは即、中止です。たとえば、手をじっと見つめたり、体を横にねじったり、耳を横に向けたり、しっぽを大きく動かしたり、毛が逆立ってきたりしたらです。こんなときはゆっくり手を引きます。そして、ネコがその場を立ち去ろうとしても、決して止めずに自由にさせます。

❸飼い主に向けられた捕食行動や遊び攻撃

自然界のネコは、平均すると1日3時間以上、獲物を探し、忍び寄り、捕らえる時間に費やしています。室内で飼われているネコは、獲物を捕る必要がないものの、ネコの狩猟欲求を満たす、獲物を見立てた遊びを取り入れ、エネルギーを十分に発散できれば、心身ともに満足します。飼い主との絆も深まります。

ネコが、足などに忍びより、狙っているのに気がついたら、手をたたくなどして気をそらし、紙を丸めたものやネズミのおもちゃなどをすばやく投げ、ネコの注意を違う対象に向けるようにします。1日に2回(1回最低15分ぐらい)は、ネコとアクティブに遊ぶ時間をつくってください(第6章参照)。**人間の手でネコを挑発したり追わせる遊びは避け**、もしネコが遊んでいる最中に興奮して咬んでくるようなことがあれば、すぐに遊びは中止しましょう。部屋を立ち去って無視します。遊ぶときは、ネコの興奮度

ネコのいら立ち度をすばやくキャッチして、愛撫に誘発される攻撃を回避

をうまくコントロールして、遊びを終了する前に「クールダウン」する時間を取り、最後は獲物をキャッチさせ、**ネコが満足したところで遊びを終えるようする**と、欲求不満も貯まりにくくなります。

❹転嫁攻撃

転嫁攻撃の場合は、原因がわかれば取り除きます。ネコの興奮状態などをいち早く察知し、ネコが攻撃行動を示す状況を極力避けなければなりません。

❺痛みに誘発される攻撃

ブラッシングの必要があれば、愛撫に誘発される攻撃の対処法と同じく少しずつ慣らしていきます。子ネコのときからブラッシングに慣れていれば理想的ですが、そうでない場合は、ネコがリラックスしているときを狙います。

最初は「ブラシを体の上に置くだけ」、次は「1回だけなでるようにブラッシング」というように、**焦らず少しずつ慣らしていきます。あまり嫌がらない体の部分から始めるとよい**でしょう。

その際、ネコが大好きなおやつや、食餌をあらかじめ用意しておき（この量は1日の食餌の分量から引いてください）、ブラッシングするたびに食餌をあげます。そして、少しずつブラッシングする時間を延ばしていきます。

ネコが嫌になったらいつでもその場を離れられるように、決して押さえつけてはいけません。なお、ブラシは目の細かいものを避けます。

❻なわばり性攻撃

「なわばり性攻撃」は、自分のなわばり（家の中）に入ってきた人間を攻撃するものです。まれに、去勢をしていないオスネコに見られ、みずから人間に向かって威嚇や攻撃をしてきます。

この場合、なわばり性攻撃の対象となる人間は「見たことのない人間」で、たとえば、家の修理をしてくれる人、初めての来客などにかぎられています。ですから、ネコを初めから別の部屋に入れておくのが得策です。

しかし、新しく家にきたパートナーなどに、なわばり性攻撃を示す場合は、ネコをパートナーへ徐々に慣らしていく必要があります。いちばんよいのは、パートナーが食餌係を担当することです。無理にネコへ近づこうとせず、ネコに「家の中の人」と認められるまで、十分に時間をかけることが大事です。

ブラッシングも少しずつ慣らす

ブラッシングは簡単なようで意外に奥が深い

じょうずなブラッシングのコツ

- ネコを決して押さえつけない
- ネコがリラックスしているときを狙う
- 最初はブラシを乗せるだけにする
- ブラッシングを1回したら、食餌（おやつ）をあげる
- あせらず、少しずつブラッシングの回数を増やす
- ネコが嫌がるそぶりを見せたらすぐにやめる

事例 足に跳びついてきたり、咬みついてきたりします

問題

名前：トラ
性別：♂
年齢：3歳、去勢ずみ

トラは捨てネコでしたが、6カ月ぐらいのときに食餌を与え始めてから飼い始めました。以前は外にもだしていたのですが、1年半前に引っ越しをしてからは、完全に室内で飼っています。私たち夫婦（70歳代）は、家で過ごすことが多いのですが、私が歩いていると突然、**足に跳びついてくる**ことがあります。それは、まだがまんできるのですが、トラは機嫌よくなでられているかと思いきや、突然私の手に**血がでるぐらいの力で咬みついてくる**ことがあるんです。私の主人は一度も咬まれたことがありません。トラは、主人よりも私にとてもなついており、なでられると気持ちよさそうにしています。どうしてこんなことをするんでしょうか？

診断

足に飛びついてくるのは「**飼い主に向けられた捕食行動や遊び攻撃**」です。トラは以前、外に遊びに行っていたこともあり、現在、獲物を探し、忍びより、捕まえるという狩猟行動を、十分満たせていません。そのエネルギーが、飼い主の足を獲物に見立て、忍びより、跳びつくという行動となって発散されています。トラ

はまだ3歳と若く活動的なので、エネルギーを発散させられる十分な運動量が必要です。

奥さんに咬みつく件は、「**愛撫に誘発される攻撃**」です。飼い主からなでられて気持ちよさそうにしていても、おなかなど敏感なところにさわられると、突然咬みつく場合があります。捨てネコだったトラは、子ネコのときに人間とのスキンシップがあまりなかったことが、なでられることに対して敏感に反応する原因の1つでしょう。

行動半径が狭まればストレスになる

むかし
外に出てた頃は
狩ができたにゃ～
家でももっと
遊んでほしいにゃ～
ぺん

以前は外にでられていたのに、急にでられなくなってしまっては、ネコは大きなストレスを感じてしまう

対策

飼い主はトラの活動性に応じて十分遊んであげる必要があります。ヒモやネコじゃらし棒などを使って獲物に見立て、**狩猟本能を満たしてあげます**。最低でも毎日2回(朝と夜)、1回15分、積極的にトラと遊ぶ時間をつくります。このとき、人間の手足などを直接追わせる遊びは避けます。

環境も改善します。トラが十分に運動できるよう、縦の空間を利用して段差をつくったり、バルコニーを利用して、トラが外を観察できるスペースをつくります。食餌も、ドライフードを隠したりしてアクティブにします。

「愛撫に誘発される攻撃」への対策は、トラが飛びついてきたり、

いろいろなおもちゃで遊んであげる

飼い主がトラともっとアクティブに遊べば、精神的にも肉体的にも満足する。いろいろなおもちゃで遊んであげよう

咬んできても、大声をあげたり、叱ったり、罰したりしないようにします。静かにその部屋を立ち去ります。飼い主が反応すれば、トラは「相手にされている」と思い、行動がますます強化されます。なでるときは、咬まれないように極力注意します。トラは咬むたびに「手を咬めば、飼い主はなでるのをやめる」と学習し、この行動が強化されるからです。飼い主のケガを避けるのも大事な理由です。

トラをなでているときは、かならずトラの様子を注意深く観察しなければなりません。トラの少しイライラしてきた様子に気がついたら、すぐになでるのをやめて、何事もなかったようにゆっくり手を引きます。トラの嫌がる部分（おなかなど）は、初めからさわらないようにします。

狩猟本能や好奇心を満たしてあげる

アクティブな食餌探し

ネコは、外を観察できる場所があれば大満足

COLUMN

ネコ語はある？

ネコは、顔の表情やボディランゲージでコミュニケーションをとることがじょうずですが、言葉はどうでしょうか？　ネコも人と同様に、ほとんど鳴かない無口なネコ、おしゃべりなネコとさまざまです。ネコの鳴き声「ニャン、ニャ〜ン」は、人とのあいさつや人になにかを求めるときに使われることが多く、たとえば「ごはん、ちょうだい」「ドア開けて〜」などと、その瞬間の要求を訴えています。実際にネコと長い間いっしょに暮らしていれば、その「ニャ〜ン」の鳴き方で、ネコの要求をうまく聞き分け、しっかりネコに操られている飼い主もたくさんいることでしょう。

ところで、ほとんど無声の爬虫類を思いださせるような「シャーッ、フーッ、ハーッ」は、怖いながらもはったりで威嚇している場合に発せられます。声はでなくとも、**「ハーッ」というときの怖い顔つきと、相手の顔に向けて鋭く吐きだされる生温かい息で相手を威嚇**しています。このため、人も同じように口を開け、ネコの顔に向かって「ハーッ」と息を吹きかければ、たいていのネコは威嚇と見て嫌がります。

また、ネコが、安心しきって心地よいときに「ゴロゴロ」とのどを鳴らすことはよく知られています。生まれて間もない子ネコは、母ネコのオッパイを飲みながら同時にゴロゴロとのどを鳴らすことができます。母ネコは、子ネコのゴロゴロの振動を感じ取り、安心して目を閉じることができます。

このゴロゴロがどうやって発声されるのかにはいろいろな説があり、いまだにはっきりと解明されていません。しかし、病気やケガをして弱りきっているネコがゴロゴロとのどを鳴らすこともあるので、ゴロゴロは、気持ちを静めたり痛みをやわらげる効果もあると考えられています。特に骨や筋肉の治癒を促進するそうで、そういえば、ゴロゴロ鳴いている骨折したネコのケガの治りは早いような気もします。ネコにはまだまだ解明されていない謎がたくさんありますね。

第4章

不安行動を解決する

4-1 不安行動とは？

ネコを含め、すべての動物には**警戒心**があります。絶えず周りに気を配り、危険を感じればそれを避け、生き延びようとする能力です。特定の刺激(音、におい、物体、敵など)が脳に伝われば、生まれつきもっている「驚き反応」が起こり、それが恐れや不安といった感情を引き起こします。

危険な対象を避けようとする反応は、誰から教えられなくても動物種に特有のものです。たとえば、ネズミはネコと接触がなくてもネコのにおいを本能的に恐れます。

もちろん、日常生活では、いちいち刺激に反応しているとエネルギーをムダに使ってしまいます。その後の経験や学習によって、危険をおよぼさないであろう刺激には、徐々に反応しなくなってきます。ネコがどの程度、刺激に対して不安や恐れを感じるかには個体差があり、遺伝、社会化期の経験(20ページ)、その後の経験や学習、環境などに大きく影響されます。

ネコが、痛みをともなうような状況を経験すれば、その経験は脳の中で**不安**という感情としっかり結びつけられます。その後、同じような状況が起これば、痛みがなくともネコは不安感に襲われます。これは、ネコが古典的条件づけ(219ページ)に従って学習したからです。たとえば、キャリーバッグを見たり、動物病院のにおいをかいだだけで以前の注射の痛みを思いだし、無意識に不安な気持ちになるネコもいるでしょう。

ネコが不安を感じれば、かならず自律神経系の活動をともない、心臓がドキドキしたり、息が苦しくなったり、手足が震えたりなどの反応を引き起こします。16ページでお話ししたような生理学上のストレス反応です。この不安感が、まさにさまざまな問題行動を引き起こす、大きな原因の1つになっています。

ネコが不安を感じているおもなサイン

瞳孔が広がる
よだれをたらしたり、口をなめる
鼻息があらい
吐く
心拍が
上昇している
食欲がない
震えている
排泄している
下痢している

飼い主は物言わぬネコの発するシグナルを見逃してはいけない

4-2 同居ネコ、人間、特定のものや音におびえる

ネコが、特定のものや音、特定の人間を怖がり、逃げたり隠れたりしても、たいていの場合は不安になるこれらの刺激が消えて少し時間が経てば、ふだんのリラックスした状態に戻ります。

しかし、逃げたり隠れたりできなければ、パニック状態に陥り、ひっかいたり、咬んだりなどの防御性攻撃を示すこともありますから注意が必要です。

このように、ネコが危険を感じて不安を抱くのは、まったく正常な反応ですが、不安な状態が長く続けば慢性のストレス状態を引き起こし、体の免疫力が落ちて病気にかかりやすくなったりします。また、**生理学上だけでなく、行動にも異常が顕著に現れる**ようになります。

たとえば、ネコが人間のうつ病に似た症状を表すことがあります。周りの環境にまったく興味を示さなくなり、一日中物陰に隠れて、引きこもったりするような状態が続くこともあります。

特に、早い時期に母ネコや兄弟ネコから離されたり、社会化期に刺激にふれる機会が少なく、環境に対応することを学ばなかった子ネコは注意が必要です。成ネコになっても、一時の**トラウマ**（精神的外傷）が引き金となって、パニック状態になり、その後、これといった刺激がなくても、常に周りを警戒してビクビクするような、慢性の不安状態に陥る場合もあります。

トラウマになることがある出来事は、地震などの自然災害、動物病院での治療や入院、同居ネコの死、飼い主の長期不在、人間からのいじめや虐待といったものから、間違って狭い場所に閉じ込められた経験などのささいな出来事までさまざまです。

このように、ネコが不安に苦しみ、日常生活に支障をきたしたり、健康状態にまで影響するような重度の不安障害は、獣医師に**身体疾患がないかどうかをまずしっかり確認**してもらいます。根気よく、少しずつ刺激に慣らしていくと同時に、一時的に不安をやわらげる薬物治療を併用することも必要でしょう。

・不安を抱く対象

たとえば、134ページのようなものが、ネコの頭の中で嫌悪感と結びつくと、ネコは似たような状況でいつも不安感を抱くようになります。

不安行動の原因とは？

ネコが同居ネコ、人間、特定の物、音、場所を怖がる理由には、遺伝的要素、不十分な社会化など挙げられます。加えて、不安となる対象に対しての不十分な経験や、嫌な経験など、さまざまな要因が組み合わさっているケースがほとんどです。

・遺伝

母ネコや父ネコが、人間に友好的であったか、さまざまな状況で警戒心が強かったかどうか、環境に適応しやすいネコであったかどうか、そして、個々のネコの生まれつきの気質なども大きく影響します。

・不十分な社会化

子ネコの感受性が強い社会化する時期(2〜8週齢ごろまで)に、いろいろな環境刺激、たとえば人間、動物をはじめ、さまざまな物体、音、においなどに接する機会が十分になければ、臆病なネ

意外なものを怖がることもある

そうじきに
ビクビク
ドキドキ
ゴーッ

キャリーバックに
ビクビク
ビクビク

来客に
ビクビク
かわいい〜
イヤー
あ

こわいにゃ〜

ネコがなにに嫌悪感を抱くかはわからない

コになる可能性が大きくなります。これらのものを怖がり、環境適応力に欠け、成長しても聞き慣れない音にびっくりしたり、見知らぬものが近づいてくれば隠れたりします。

・以前のトラウマや嫌な経験

一度でも、なんらかの刺激に対して怖い経験をしたネコは、その刺激を怖がり、同じような対象に不安感を抱きます。たとえば、男の人にいじめられたネコは、以後、似たような男の人に不安感を抱くことがあります。

・ストレス要因

ストレスとなる要因（19ページ）が、ネコが不安感を抱く原因となります。

・飼い主の不適切な対応

家族内でのネコへの一貫しない態度や、飼い主の気分でコロコロ変わる態度は、ネコの不安感を一段と高めます。また、**飼い主がネコをなぐさめると、ネコの不安感を認める**ことになります。不安感を取り除く効果はありません。叱ったり、体罰を加えることが、ネコの不安をいっそう強めることはいうまでもありません。

・分離不安症

従来、ネコはイヌと違って単独で行動するので「**分離不安症**」は見られない、と思われがちでした。しかし最近、イヌの分離不安の症状と同じように、人がいないときの不安感から、過剰に鳴く、吐く、家の中の物を壊す、家の中に排泄する、体の一部をなめ続ける、などの症状を見せるネコがまれにいることが明らかになっています。

分離不安症は、避妊・去勢ずみのネコ（オスネコにやや多い）で、性的に成熟した1歳を過ぎたころから多く見られ、オスネコは3〜5歳がピーク、メスネコは年齢にかかわらず（11歳以上でも）、これらの症状が見られます。原因ははっきりしませんが、子ネコのときに母ネコから早く離されたことも関連しているようです。また、特定の飼い主に強く依存している場合が多く、家の中でもその飼い主のあとをついてまわる傾向があります。

分離不安症の症状としての家の中での排泄（特に飼い主のベッド）は、性別にかかわらず見られますが、オスネコは物を壊す、鳴くといった行動、メスネコは体の一部をなめ続ける行動が特に多く見られるようです。

不安の対処法は？

ネコが不安を感じる対象がはっきりしている場合は、反応しない程度の刺激から、徐々に慣らしていくことや、ネコにとってうれしい出来事（なでる、食餌など）と関連づけ、**逆に条件づけすることで不安を取り除いていきます**。臆病なネコには、日ごろから、できるだけ規則正しい生活（決まった時間の食餌など）や飼い主の一貫とした態度を心がけ、予期できなかったり、自分でコントロールできないようなストレスをかけないようにしましょう。

・飼い主の適切な反応

ネコが怖がったり不安を示しても、決して、なぐさめたり、叱ったりしてはいけません。ネコをなぐさめることは、ネコの不安感を認めることで、不安感がいっそう刷り込まれてしまいます。叱れば、加えて、飼い主に不信感を抱くでしょう。ネコになるべく関心を払わず（視線を合わせない、さわらない、話しかけない）、何事もないかのように接します。

・慣らす（系統的脱感作）/逆条件づけ

ネコがある刺激を怖がる場合は、基本的にその対象を極力避け、不安感がちょうど生じない距離や状態から、徐々に少しずつ**根気よく慣らしていきます**。このとき同時に、不安を引き起こす刺激とネコにとってうれしい出来事（なでる、食餌など）を繰り返し関連づけ、不安を引き起こす刺激を、不安と反対の感情、つまり安心、うれしい感情へと**逆に条件づけする方法**（145ページ）が効果的です。

たとえば、キャリーバッグなどを、ふだんから部屋に置き、ネコがリラックスして入れる場所にしておけば、いざ動物病院に行くときなどにも嫌がりません。ネコの好きなおやつを入れたり、いつも使っているにおいのついたタオルを入れるなどすれば安心します。

・同居ネコを恐れる

同居ネコとの仲が悪く、どちらかのネコがほかのネコを怖がっているような場合は、86ページを参照して、徐々に慣らしていきます。

・特定の人間を怖がる

ネコが特定の飼い主にだけなつき、家族の一員を怖がることがあります。この場合、なつかれている飼い主は、しばらくネコから少し遠ざかり、**怖がられている家族の一員がネコとよい関係を**

ふだんからネコの身近に置いて慣れさせる

いつもキャリーバッグで動物病院へ運ばれるネコが、動物病院での注射の痛みを思いだし、キャリーバッグを無意識のうちに怖がることもある。このような場合は、ふだんからキャリーバッグを部屋に置いて、自由に出入りできるよう、慣れさせておく

築けるよう、ネコをお世話します。まず、食餌の係を担当し、そのとき、ネコにはできるだけ関心を払わず、静かな動きで視線を合わせないように心がけます。やさしくネコの名前を呼びながら食餌を置くとよいでしょう。

次に、怖がられている人は、ネコのお気に入りの寝場所、食餌、水、トイレなど、ネコに必要なものがすべて整っている一部屋で、毎日時間を決めて、床に寝っ転がります。この体勢はネコがいちばん脅威を感じない体勢です。このとき、ネコには関心を払わず、本を読んだり、音楽を聴いたりします。その時間を徐々に延ばしていき、ネコもリラックスしているようなら、ネコの好みを取り入れたおもちゃ（ネコじゃらしなど）で遊んだり、おやつを少し離れた距離に置くなどします。

このとき、ネコがびっくりしないようゆっくりした動きで、ネコをなるべく直視しないようにします。ネコを見る場合は、まばたきをゆっくり繰り返すと、ネコの緊張をやわらげられます。ちなみに、ネコのまばたき（目をゆっくり細めること）は、人間の微笑みのような効果があるともいわれています。**ネコがまばたきを返してくれれば、リラックスしていること間違いなし**です。根気よく、ネコのほうから近づいてくるのを、あくまでも関心のない態度で待ちましょう。

人間になついていないノラネコなどを、事情があって引き取らなければならない場合なども、同じような方法で徐々に人間に慣らしていくことができます。

しかし、ネコがすでに成ネコで、社会化の時期に人間とまったく接触がなかったり、人間にいじめられていたりしたような場合は、人間への警戒心を解くことはなかなか困難です。人間と同じ部屋にリラックスしていられるような状態になっても、いくら飼い主がやさしく接しても、体にさわったり、ましてやだっこなどは不可能な場合もあるでしょう。

とはいえ、こんな場合でも決してあせらず、あくまでもネコの意思を尊重し、場合によってはある程度の距離を保ちながら、ネコと生活することも考慮しなければいけません。

友達にネコに無関心な来客になってもらう

お客さんがくるとおびえて隠れるようなネコの場合は、しばらくの間、急な来客を避けます。まずは、友達にお客さんになってもらいましょう。この友達には、前もってネコと視線を合わせず、オーバーな動きをせずに、静かな態度で決してネコに関心を示さないように頼んでおきます。

これを何度か繰り返すうちに、ネコは**来客がそれほど恐ろしい対象でないことを学習**します。ネコが来客がきてもリラックスして同じ部屋にいられるようになったら、おもちゃで遊んだり、おやつや食餌を少し離れた場所に置いたりします。このときも、ネコのほうから近づいてくるのを、関心のない態度で待ってもらいます。

どんな場合にも大事なのは、ネコがリラックスしてきたときにあせって無理やりネコにさわろうとしないことです。せっかくの努力が水の泡になってしまします。時間をかけて忍耐強く、少しずつネコとの距離を縮めていきましょう。

・分離不安症の判別方法

ネコが本当に分離不安症かを判断するには、**留守中のビデオ撮影**が理想的です。実はネコは、心配するほど不安がっていないのに、飼い主のほうが「ネコが不安状態だ」と思い込んでいる場合

ネコのリズムに合わせよう

飼い主は、無理にネコと急いで仲よくしようとせず、自然体のままネコがだんだんと心を開いていくの待つ

があるからです。飼い主がネコを心配するあまり、ネコをなぐさめれば、ネコの不安な気持ちがさらに強化されるので注意が必要です。

ネコが飼い主の留守中のみ、鳴き続けたり、吐いたり、トイレ以外の場所で排泄したり、過剰に体をなめ続けたりして、極度の不安を示す場合は、「人がいなくても不安になる必要はない」と教える必要があります。

まず、家の中でネコが安心してくつろげる場所をつくります。飼い主はネコに関心を払わず、その部屋を出入りします。ドアもその都度、開け閉めします。これを毎日しましょう。部屋に入るとき、ネコが「ミャーミャー」と寄ってきても注意を払わず、少し静かになったところで、名前を呼んだりなでたりしてほめます。これは決して、ネコに冷たくあたっているわけではなく、「飼い主がいなくなるのは特別なことではないよ」「帰ってくるのでだいじょうぶだよ」ということを教えるためです。**ネコに安心感を与え**

ることが目的です。

同時に、飼い主が外出するときネコが興奮しないよう、外出を感じさせるそぶり（刺激）を、外出しない日も毎日繰り返します。たとえば鍵をもったり、ジャケットを着たり、靴をはいたりなどです。こうして飼い主が外出するそぶりをしてもネコがあまり興奮しなくなったら、実際に外出する練習をします。

少しずつ飼い主の不在に慣れてもらう

このとき、最初は5分ぐらいの外出から始め、徐々に時間を延ばしていきます。外出する30分前ぐらいから、あまりネコの関心を引かないようにし、帰宅時のおおげさなあいさつも避けます。ネコが静かになったところで名前を呼んでなでてあげます。

飼い主の留守中には、ネコが快適に安心して過ごせるよう、お気に入りの寝場所へ**飼い主のにおいがするもの**を置いていきます。いらないTシャツやタオルなどでかまいません。

また、転がすと食餌がでてくるおもちゃを使ったり、食餌やおやつを隠すなどするのも効果的です。ネコに「**仕事**」を与えるようなものなので、飼い主が留守にしている時間を有意義に使えるからです。また、ネコが留守中、熱中して食餌を食べられていれば、「そんなに不安を感じていない」わけです。

もちろん、使用した食餌の量は、1日の総量から引きましょう。ネコによっては、小さめの音量でラジオや音楽、テレビをつけておくと、不安がやわらぎ効果的な場合があります。

ネコが、飼い主にふだんから密着して、あとをついて歩くような場合は、飼い主にとってなかなか難しい方法かもしれませんが、ネコがまとわりついてきてもできるだけ無視し、静かになればなでたりしてほめてあげましょう。

・環境改善

ネコにとってより快適な生活環境をつくります（第6章参照）。特に臆病なネコには、少しでもネコが安心できるような環境をつくることに重点を置きます。十分なスペースや、縦の空間を利用し安心して隠れられる場所を設けます。本棚の本をどけたり、イスを大きな布で覆ったり、ダンボールの箱を置いたりなど、いろいろ工夫してみましょう。

・ネコと遊ぶ

ネコとアクティブに遊んだり、アクティブに食餌を与える時間

ネコがひまをもてあまさないようにする

キッチンペーパーの芯に穴をあけて食餌を入れれば、ネコがアクティブに食餌を探せるおもちゃになる。また、1匹でも遊べるおもちゃなどを用意すれば、留守中に「仕事」ができるので、心身ともに満足できる

をつくります(第6章参照)。ネコはエネルギーを発散できるのでストレス解消につながります。特に飼い主に依存しているネコの場合、獲物を捕らえることをマネるような遊びを取り入れると、獲物をキャッチする満足感が得られるため、ネコが自信をもちます。これが自立心を伸ばすきっかけにもなります。

・フェリウェイを使う

フェリウェイは、ネコのほおから分泌される天然のフェロモン(F3成分)を人工的につくったものです。ネコの不安をやわらげる効果がある場合もあります(第6章参照)。

・薬物療法

重症な不安症の場合、脳内の神経伝達物質、セロトニン、ドーパミン、GABAなどの濃度を調節する薬を、うまくコントロールしながら投与することでネコの不安をやわらげられます。ネコは、不安がやわらぐことでリラックスでき、本来の学習能力を十分に発揮できます。症状に応じて補助的に使えば、効果があります。

逆条件づけとは？
音
こわい！
おいしいエサ
音
おいしい!!
うれしい！
・何度もくり返す
・新しい刺激がこわがる刺激を抑えるほど魅力的なら
音
こわい！
うれしい！

たとえば、ある音を怖がるネコに、怖がる音とともに新しく、好ましい刺激を同時に与え、ネコの反応（気持ち）を変えていく。何度も繰り返すことで、ネコはこの怖い音を聞いても怖さを感じなくなる。くわしくは219ページの古典的条件づけを参照

事例 飼い主の外出を極端に嫌がります

問題

名前：マメ
性別：♀
年齢：1歳（推定）

ノラネコだった「マメ」を6カ月（推定）ぐらいのころから飼い始めました。人間にとてもなついていたので、たぶん捨てネコです。マメは完全に室内で飼っており、現在1歳になりますが、音に敏感に反応します。眠りも浅いようで、家の中では私がトイレに行っても、あとをついてくるほど臆病です。

近くに人間がいなくなることをとても怖がっている様子で、私が外にでかけようとすると、**私の足にしがみつこうとします**。私がでていくとしばらくの間、鳴いているようです。私は、家で仕事をすることも多いのですが、毎日数時間は1匹で留守番してもらわないと困るのですが……。

私が家にいるときは、十分になでたり遊んであげたりしています。なんだか、1匹にするのがとてもかわいそうなのですが、これは分離不安と呼ばれる症状でしょうか？

診断

マメは初期の「**分離不安症**」で飼い主への依存が高いネコです。生まれたばかりの子ネコは、一般的にさまざまな環境の影響を受けながら、社会化期とも呼ばれる適応しやすい柔軟な時期（生後2〜8週齢）に、母ネコや兄弟ネコと十分にふれ合います。このとき、五感をフルに活用してさまざまな環境から刺激を吸収し、いろいろなタイプの人間やほかの動物とふれ合うことで、環境への適応力を身につけていきます。

マメの場合、この時期にどんな経験をしたかは残念ながらわかりませんが、母ネコと十分に過ごすことができなかったり、人間に捨てられるというトラウマ（精神的外傷）がきっかけとなり、ふ**たたび人間に捨てられることを不安に感じている**のかもしれません。そのため、飼い主が外出しようとすると不安にかられ、過剰に鳴いてしまうのでしょう。分離不安は、1人暮らし世帯で飼われているネコに多く、メスネコでは、1匹だけで飼われている場合に多いという研究結果もあります。

もちろん、これだけの症状から分離不安症とはっきり診断はできませんが、ふだんから、マメが飼い主に強く依存している様子から、マメが分離不安症になる可能性もあるので、ほかの症状（家の中での排泄や体をなめ続けるなど）がでないうちに、早めに対策をとるべきです。

なお、メスネコで避妊手術をしていない場合は、発情期に飼い主に甘えてすり寄ってきたり、過剰に鳴く場合も多く見られます。診断のときはこのことも考慮に入れなければなりません。

対策

まず、飼い主とマメの関係を少しゆるめます。マメの飼い主への依存心を減らすには、**心を鬼**にします。マメがまとわりついても無視し、静かになったらごほうび（なでたりなど）を与えてしっかりほめます。マメをかわいがらないわけではなく、静かにしてい

ネコの分離不安症の可能性もある

飼い主と離ればなれになると、極端に不安を感じるネコもいる

れば飼い主から声をかけたり、なでたり、遊んであげたりします。

飼い主がかならず帰ってくることもマメに教えます。まずは、家の中でもマメに注意を払わず、部屋のドアを黙って閉めたりして、マメが1匹でも安心していられるよう、短い時間から練習します。外出時の不安感を避けるため、30分ぐらい前からマメに注意を払わないようにし、帰宅してマメがまとわりついてきても、オーバーな反応はせず、マメが静かになったところで名前を呼んでなでてやったりします。

マメが**留守番している時間をより快適にする**のも大切です。安心してマメが過ごせる寝床を用意し、1匹で遊べるおもちゃや食餌がでてくるおもちゃなどを置いたりします。ラジオやテレビをつけて不安をやわらげるようにもします。

アクティブにネコと遊ぶことも欠かせません。特にネコじゃらしなど、獲物をキャッチでき、満足感を得られるような遊びを取り入れればマメの好奇心や自立心を伸ばすことにもつながります。朝晩2回、最低でも15分は、しっかり遊んであげます。環境も改善しましょう。休息場所、爪とぎ場所、隠れ場所を増やし、少し高い場所に、窓から外を見渡せる場所をつくってあげます。

・改善されなければ多頭飼いも検討

なお、留守番の時間が増えたり、症状が改善されない場合、**ネコをもう1匹飼うことも考慮**します。ほかのネコに対する社会性がどの程度かわからないので難しいですが、ある程度社会性をもっているネコなら、年齢も考慮して2匹目のネコを飼うことを検討してもよいでしょう。ただしその場合、避妊・去勢手術をすませ、慎重にゆっくりと時間をかけて2匹を慣らすようにしなければなりません。

飼い主の不在に慣れさせる

ネコがトイレなどあらゆる部屋についてくる場合は、ネコに注意を向けずに黙ってドアを閉め、ドアを開けてもオーバーなリアクションを避ける。静かになれば声をかけ、なでてあげたりすることで、ネコは「飼い主がいなくなっても安心」ということを学習する

第5章

そのほかの問題行動を解決する

5-1 ニャーニャー鳴いてなにかをせがむ

ネコが「ニャーニャー」と人間に向かって鳴くのは、なにかを要求するコミュニケーションの手段です。要求を聞いてあげることは大事ですが、あまり度が過ぎると、飼い主が困ってしまうこともあります。

たとえば、ある朝、ネコがおなかが空いてニャーニャー鳴いて飼い主を起こしにきました。飼い主は、初めてのことなので少し驚きましたが、もう少し寝ていたかったので、とりあえず急いでネコに食餌を与え、ふたたびベッドにもぐりこみました。しかし、ネコは頭のよい動物ですから、次の日も、その次の日も毎日、同じように飼い主を起こしにくるでしょう……。これは、飼い主になにかを要求する「**要求鳴き**」と呼ばれるもので、ネコの要求に応じてしまったことで、ネコが「ニャーニャー鳴けば食餌をもらえる」と学習したためです。もちろん食餌がほしいだけではなく、「飼い主の関心を引くための手段である」とも学習してしまいました。

人間が食事中に魚を食べていると、ネコがテーブルの上に乗り、一度でもおこぼれをもらうと味をしめて、次から食事のたびにジリジリと近づいてきます。

これらの行動は、ほとんどの場合、飼い主の対応、つまり、飼い主がなんらかのかたちでネコの要求に応えてしまったことで、**ネコが学習したもの**です。もちろん、飼い主が「これは困った行動だ」と感じなければなんの問題もないのですが、「困った行動だ」と感じてやめさせたいなら、ネコへの対応を変えなければなりません。ネコを叱ってもだめです。

また、ネコが過剰に鳴く場合、特に去勢・避妊手術をしていないネコなら、性ホルモンの影響、痛みをともなう病気やケガ、聴覚の障害なども疑ってみます。

高齢（11歳以上）のネコが、夜中に意味もなく鳴いたりする場合は、老化にともなう「**認知機能障害**」の症状である可能性もあります。この場合、昼と夜のサイクルが狂い、意味もなく夜中に鳴き続けたりします。ニャーニャーというより、わめくのに近いような鳴き方です。また、いったん学習したことができなくなったり、食べたことを忘れ、また食事をねだるなどの行動を見せることもあります。

ネコの年齢は、人間の歳に換算すると、11歳で人間の60歳、14歳で70歳、16歳で80歳、20歳を超えれば100歳近いといわれています。11～14歳の飼いネコは約30％が、15歳以上になると50％以上のネコが、なんらかの高齢にともなう問題行動を示すという報告もありますから、他人事ではない方が多いでしょう。

対処法

まず、ネコがなにを要求しているのかを見極め、やめさせたい行動（人間の食べ物をねだったり、朝うるさく起こしにくるなど）であるなら、徹底的に無視します。しかし、なんでも無視すればよいわけではなく、十分なスキンシップや遊びなど、ほかのことでネコの要求を満たしてあげましょう。

・無視する

要求鳴きをやめさせたいなら、ネコがなにかを要求して鳴き続けても、断固としてその要求に応えてはなりません。徹底的に無視します。見たり、なぐさめたり、話しかけたりするのもダメです。**最悪なのは、しばらくネコを無視し続けたものの、うるささ**

あげたり、あげなかったりはダメ

飼い主が気分で食餌を与えていると……

ネコは飼い主の一貫しない態度を理解できず混乱する

に耐えられず要求に応じてしまうことです。ネコはここで「あきらめずに鳴き続ければ要求が通るぞ！」と学習し、次からはもっと執拗に要求してきます。

家族全員が一貫した態度をとることも重要です。「かわいそうだから、1回ぐらいいいか……」と許してはいけません。なぜなら、「いいこと」は、いつもではなく、たとえば、3回に1回、5回に1回などと、**不規則に起こるほうが、ネコの期待度がいっそう増す**からです。こうなると、問題行動をやめさせるのがより困難になります。人間が「今度こそ当たるかも」と、宝くじを買ったりする心境と同じかもしれません。飼い主の選択肢は、

❶ネコの要求をネコがあきらめるまで、断固拒否

❷「まぁ仕方ないか……」とあきらめる

のどちらかです。

「今日はいいけど、日曜日はダメ！」とネコを叱っても、ネコは理解できずに困惑するばかりです。

夜中や朝方にニャーニャー鳴かれ、うるさくて困る場合などは、「鳴いても要求がとおらない」とネコに悟らせるまで、徹底的に要求鳴きに反応しないようにします。それができなければ、耳栓をして寝るなど、うまくつき合う工夫もこらします。

・環境改善やネコと遊ぶ

第6章を参考にして、ネコにとってより快適な生活環境になるよう努めてください。ネコとアクティブに遊んだり、アクティブに食餌をやったりする時間を積極的に取り入れ、ネコが心身ともに満足するよう工夫しましょう。静かにしているときにも、名前を静かに呼んでなでてやったり、スキンシップをとることを忘れないでください。

ネコがあきらめるまで根気よく続ける

飼い主が食事中に……
ネコがテーブルに
乗ってニャーニャー
と催促
食べにくい…
にゃー
にゃー
にゃー
くれー
成功にゃ
はむ
飼い主がひと口あげる（ネコにとっては成果あり）
しらんぷり
失敗にゃ
にゃー
飼い主が断固あげない（ネコにとっては成果なし）
はげしくなった〜
にゃー
にゃー
にゃー
にゃー
次回もふたたび催促
どーせくれないにゃ
あきらめて、催促しない

問題のある要求鳴きをやめさせたければ断固拒否

・高齢のネコへの正しい対応

高齢のネコ（11歳以上のネコ）には、規則正しい生活（食事、遊び時間など）をさせ、ネコが安心できる快適な生活環境も整えてあげましょう。トイレの数を増やしたり、餌場やトイレを高齢のネコでも行きやすい場所に置いたり、段差をなるべく小さくして、登りやすくしたりします。寒暖の差にもあまり耐えられなくなるので、温度調節にも気を使い、快適で静かな寝場所をつくってあげましょう。特に真夏や真冬は要注意です。

加えて、ネコの健康状態に応じて、心身ともに適度の刺激を与えるため、名前を呼んであげたり、スキンシップをとったり、好みのおもちゃで遊んであげることも大切です。

認知機能障害の症状で、意味もなく夜中に鳴き続けたりする場合は、飼い主が反応することによって鳴く頻度や長さが増すことはありません。要求鳴きとは違います。できるだけやさしく声をかけて安心させてあげましょう。

また、食餌の回数を1日数回に分けたり、食餌もネコの好みに合わせて、**良質のシニア用フード**へ徐々に変えます。その際、頭を下げなくてもいいように、食餌や水の容器を、台や箱の上に置いてあげると食べやすくなります。場合によっては、かかりつけの獣医師と相談しながら、脳の神経細胞の情報伝達をよりスムーズにする働きがあると考えられている「ドコサヘキサエン酸/エイコサペンタエン酸（DHA/EPA）」などを含んだサプリメント（栄養補助食品）を与えてもよいでしょう。ウェブ上の検索エンジンで、「DHA」「EPA」などのキーワードを入れて探せばいろいろ見つかり、購入もできます。しかし、いちばん重要なのは、**家族全員で高齢のネコが家族の一員であることを理解し、寛容な態度で愛情をもって、やさしく大事に接すること**です。

ネコも人間と同じく認知機能障害になる

●認知機能障害の兆候
・眠りのサイクルが変わる（昼と夜のサイクルが狂い、夜中に目的もなく鳴き続けるなど）
・不適切に排泄する（トイレ以外でのおしっこやうんち）
・方向感覚が乏しくなる（同じ場所を目的もなくグルグル回ったりなど）
・物忘れする（いままで理解できていた合図などがわからなくなるなど）
・飼い主に対する態度が変わる（むらっ気が激しくなるなど）
・不安感に襲われている

高齢のネコの場合、夜中にニャーニャー鳴くのは、認知機能障害の症状であることも

事例 朝、かならず寝室に入ってきて起こそうとします

問題

名前：ハナ
性別：♀
年齢：4歳、避妊ずみ

ネコを2匹（4歳のメスとオス、去勢・避妊ずみ）飼っています。2匹の仲は良好です。そのうちの1匹、メスの「ハナ」が、朝の4時ごろ、寝室のドアをガリガリし、ミャーミャー鳴いて起こしにきます。あまりにうるさかったので、おなかがすいているのかと思い、起きて食餌をやって以来ずっと、**調子に乗って起こしにくるようになりました。**

お腹がすかないように夜遅い時間に食餌をあげたりもしましたが、一向にやめる気配がありません。食餌が残っていても起こしにくるので、おなかがすいているのではないのかもしれません。私がいったん起きれば、その後は安心して（私のベッドで）寝ます。私が喘息なので、なるべく寝室には入れたくないのですが、起こしにくるのをやめさせるよい対策はないでしょうか？

診断

ハナの行動は、**飼い主の関心を引こうとする行動**です。ハナは、自分の要求がとおれば、以後その行動を繰り返すようになります。ハナは、自分が朝方鳴けば、飼い主が起きて寝室に入れてくれ

ることを学習したのでしょう。

対策

この飼い主の関心を引こうとする行動をやめさせたいなら、**断固無視**するしかありません。ハナがドアをカリカリしても、ニャーニャー鳴いてもがまんです。

決してドアを開けてはいけません。

ネコとの根比べですが、ドアを開けなければ、ハナは寝室が「立ち入り禁止区域」であることを理解し、**そのうちあきらめます**。ドアをひっかく音がうるさければ、ネコがひっかきにくい素材（プラスチックカバーなど）を一時的にドアへ貼ったり、鳴き声がうるさければ耳栓を利用するのもよいでしょう。

根比べなので根気がいりますが、ハナは徐々に人間の生活パターンに順応してくれるようになります。朝起きたら、「ハナ」と名前を呼んで、やさしく声をかけてあげましょう。

環境改善も大事です。欲求が満たされないことがストレスにならないよう、縦の空間を利用した十分な運動スペース、ハナが安心してリラックスできる寝場所、ハナの興味を引くような多彩な環境づくりに努めます。

もちろん、遊んであげることも忘れてはいけません。

ハナが精神的にも肉体的にも満足できるよう、1日2回（朝と寝る前）最低15分は、ハナとアクティブに遊ぶ時間をつくり、十分に遊んであげます。十分なスキンシップも欠かせません。

入れてあげたい気持ちをグッとがまん

家具などをひっかく場合、うるささに耐えきれず中に入れてしまえば以降、何度でも繰り返す。うるさくてもここはぐっとがまんだ。「引っかいてもだめなんだ」と覚えればおとなしくなる

5-2 家具などをガリガリひっかく

ネコの「**爪とぎ**」は、いろいろな役割をはたしています。

まず、ネコが昼寝をしたあとなど、大きく伸びをしてから、どこかをカリカリとひっかこうとするしぐさをよく見せます。これは、休息のあと、体全体の筋肉をほぐし、「さぁ、やるぞ〜」と全身をふたたび活動モードにしているからです。

次に「**爪のお手入れ**」です。ネコの爪は何層にもなっているのですが、外側の死んだ爪の層をはがして、内側の新しい爪をだす作業です。歯で爪を一生懸命に咬んで、爪を手入れしているネコの姿はよく見ます（人間にも見られますが……）。

最後の大事な役割は、第2章（60ページ）でお話しした、「**マーキング**」です。ネコは手足の裏の汗腺から、特有のにおいがでる生化学物質（フェロモン）を分泌しますが、爪とぎでいろいろな場所に自分のにおいをつけているのです。

ネコはこの「**爪とぎマーキング**」で、しっかり自分のにおいをつけ、においが薄らいでくると繰り返し同じ場所で爪とぎし、自分のテリトリーを主張するのです。とりわけ自信に満ちたネコは、爪とぎマーキングしている姿をほかのネコや飼い主にもわざと見せつけようと、目立つところで行う傾向があるようです。ネコは爪とぎマーキングの跡を、嗅覚だけでなく視覚（ひっかいた跡）や、ときには聴覚（カリカリする音）としてしっかり認識しています。

ほかのネコとけんかをして負けたあとなども、まるで自負心を取り戻すかのように、熱心に爪とぎするネコの姿がよく見られます。これは、爪とぎ行動が緊張やストレスをやわらげる役割もはたしているからです。

ネコが爪をとぐ理由

・起きたあと、体を伸ばし活動モードに入るため
・爪を手入れするため
・マーキング（においつけ）するため
・ストレスを解消するため

いたるところが爪とぎ場所になる

対処法

ネコが家具や壁などを使って爪とぎするのは、飼い主にとってたいへん困ったことです。しかし、爪とぎはネコが自分の体を手入れする基本行動で、この行動ニーズを満たすため、**かならず爪とぎできる場所を与えてあげなければなりません**。

・叱らない

ネコの爪とぎはネコの基本行動なので、叱るのは筋違いです。叱ればネコは、飼い主がいないところで爪とぎするようになるか、ネコによっては、飼い主がやめさせようと飛んでくることで、自分に注意を引きつけられることを学習し、遊び気分で爪とぎを繰り返すことにもなりかねません。

・爪とぎされる場所（壁や家具など）を処理する

爪とぎされたくない場所は、においがなくなるようにきれいにふきます。続いてその場所にプラスチックのカバーをつけたり、両面テープを貼ったり、足場を不安定にしたり、ネコが物理的に爪とぎできない工夫をします。禁止するだけでは解決しないので、近くに爪とぎしてもよい場所をかならずつくります。

・爪とぎ場所を用意する

ネコの好みに応じて、十分に背伸びした体勢でも爪とぎできるような高さへ垂直に、または水平に爪とぎ場所を用意します。このとき、すぐに動かないようにしっかりと固定します。1つは、起きてすぐカリカリできるように寝場所の近くへ、あとは、ネコが好んで爪とぎする場所の近くへいくつか置きます。

爪とぎ場所を気に入ってもらうワザ

爪とぎの設置場所は、寝場所の近くとネコのお気に入りの場所にする。使い始めないようであれば、前脚をやさしくもってカリカリさせるか、おもちゃを使って関心を引く。素材は、木、ダンボール、麻のひも、じゅうたんなどいろいろ試すとよい

そこが飼い主に都合の悪い場所なら、ネコが爪とぎを使うようになってから、少しずつずらしていきましょう。

用意した爪とぎ場所を使う気配がなければ、ネコの手をもって、やさしく何度かカリカリさせるか、その場所でおもちゃを使って遊ぶのもよい方法です。自分のにおいがつけば、その場所で爪とぎする可能性が上がります。

ペットショップなどでは、さまざまな爪とぎや爪とぎ場所のついたキャットタワーなどが販売されていますが、木の幹、ダンボール、麻のひも、捨てる（ひっかかれて）カーペットを壁に貼るなど、工夫して爪とぎを自分でもつくれます。ネコによって好みもあるので、いろいろな素材を試してみましょう。なお、爪とぎは消耗品です。ボロボロになる前に替えてあげましょう。

・爪の処理方法

ネコの爪は、子ネコのうちから規則的にネコの爪切りで爪を切ってあげ、爪とぎ場所で爪をとぐことを習慣づけておくと、ほかの場所での爪とぎの被害を最小限に抑えられます。成ネコになってから爪切りを始めると、抵抗して嫌がる場合があります。こんな場合は、根気よく慣れさせるしかありません。

最初の何日かは、爪切りを見せるだけでおやつをあげたりします。決して爪切りを嫌なものだと関連づけないようにすることが大事です。ネコが爪切りの存在に慣れたら、次は、爪切りを開けたり、閉じたりします。動かすだけです。

ネコが爪切りの動きにもすっかり慣れたら、リラックスしているところを狙って、1本だけ爪を切ってみましょう。このとき、毎日1本だけ切るという気持ちで始めます。慎重に作業し、切りすぎに注意します。飼い主も、爪切りをするうちに、だんだんと

爪切りやつけ爪も効果的

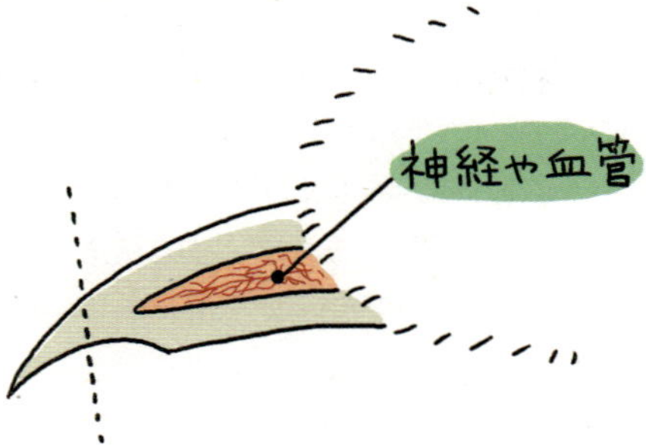

爪の中にも神経や血管の通っている部分がある。神経や血管を傷つけないように、点線の部分で切るようにする

ネコのつけ爪。嫌がらずにつけてくれればラッキーだ

コツがつかめるようになってきます。

爪につけるキャップ状になった「**つけ爪**」も販売されています。効果は賛否両論ありますが、いろいろな色やサイズがあり、一度つければ4～6週間はもつようです。しかし、協力的なネコでないとつけるのは難しいかもしれません。

なお、爪を取り除く「爪除去手術」は、靭帯を切断する手術と、ネコの爪と第一関節の骨が直接つながっているため、靭帯を含める指を第一関節から切断する手術とがあります。しかし、どちらもネコにとってはたいへん残酷な手術であり、多くの国（特にヨーロッパ）では、手術が禁止されています。

・環境を改善したりネコと遊ぶ時間を増やす

ネコを多頭飼いしている場合は、どのネコにも爪とぎ場所や安心できる寝場所を与えてあげましょう。また、第6章を参考にして、ネコにとってより快適な生活環境をつくりましょう。ネコとアクティブに遊ぶ時間をつくれば、ネコのストレス解消につながります。

・フェリウェイを使う

ネコのほおから分泌される天然のフェロモン（F3成分）を人工的につくったフェリウェイは、爪とぎマーキングを含めたマーキングの軽減に、よい効果があると報告されています（第6章参照）。

事例　やたらめったら、なんでもひっかこうとします

問題

名前：トビー
性別：♂
年齢：1歳、避妊ずみ

「トビー」を譲り受けて飼い始めたのはよいのですが、壁、家具、ソファーなど、**なんでもひっかこうとします**。私によくなついており、「現行犯」で引っかいているのを見つければ「ダメ！」といってやめさせるのですが、始終見張っているわけにもいかず困っています。市販の爪とぎも買ったのですが、あまり使っていないようです。どうしたらいいでしょうか？

診断

爪とぎ行動はにおいをつけるマーキングもかねたネコの自然な基本行動の1つなので、この行動をなんらかのかたちで満たしてあげる必要があります。

対策

まず、爪とぎされたくない家具は、ネコが入れない部屋に移動させたり、その場所にダンボールを置いたりして物理的にトビーが爪とぎできないように工夫します。また、プラスチックのカバーを貼ったり、両面テープを貼ったりして、トビーが興味をなく

すようにします。

次に爪とぎ場所を用意します。新しい爪とぎを、トビーがいままで爪とぎしていた場所の近くにしっかりと固定します。ネコが十分に背伸びした体勢でも爪とぎできるような高さにします。使う様子がない場合や、してはいけないところでカリカリしそうになったら、用意した爪とぎ場所で、トビーの手をもってやさしく、何度かカリカリさせるか、そこでネコじゃらしなどを使い遊んであげるようにしましょう。**爪とぎはマーキングの機能もかねている**からです。

爪とぎ場所がついたキャットタワーや、木の幹、ダンボール、麻のひも、捨てるカーペットなどを工夫して、トビーの好みに合った爪とぎ場所をつくってあげましょう。

爪とぎ場所を用意して気に入ってもらおう

用意した爪とぎ場所を使わないときは、手をもって何度かカリカリしてあげるか、その場所で遊んであげよう。素材もいろいろ変えてお気に入りのものにしてあげる

5-3 過剰なグルーミング（常同行動）

ネコが、食後などのリラックス時に、なめた前足で顔を洗ったり、ペロペロなめて自分の体を**グルーミング**（毛づくろい）したり、ほかのネコとけんかをしたあとや、なにか失敗したあとなどに、気持ちを落ち着けようと、躍起になってグルーミングする姿は心がなごむものです。

人間と同じで、きれい好きなネコも、そうでないネコもいるので一概にはいえませんが、ネコは平均すると起きている時間の約10〜30%もの時間を、自己グルーミングに費やすといわれています。ネコが1日10時間起きているとすれば、1〜3時間の間、グルーミングしていることになります。

グルーミングには、皮膚を清潔に保つ役割があります。ざらざらの舌で毛をきれいにとかし、古い毛をすき取り、皮膚の汚れや余分な皮脂を取り、寄生虫を排除したり病気の感染を予防するのです。それだけでなく、夏はなめた唾液が蒸散するときの冷却効果で体温を下げ、逆に保温効果もあるなど体温の調節にもひと役買います。また、気持ちを落ち着けるという役割もあります。

まずはなめている箇所を確認する

ネコは皮膚がかゆかったり、なんらかの違和感（痛み）があれば、必然的に皮膚をなめます。同じ箇所をネコが長時間なめる場合は、まず、その部分になにか異常がないか確かめましょう。さわられるのを嫌がるようなら、痛みのせいかもしれません。過剰なグルーミングによる脱毛は、アレルギー性皮膚炎、寄生虫やカビなどによる皮膚疾患をはじめ、さまざまな身体疾患が原因のことが多いので、かならず獣医師のもとで検査しましょう。

皮膚病などの身体疾患ではなかったり、皮膚の疾患が完治しているのに、これといった理由もなくなめ続けることもあります。なにかに取りつかれたように、執拗に毛が抜けたり皮膚が炎症を起こしたりするまでなめ続ける場合は、**心因性のグルーミング**かもしれません。

この場合、退屈、欲求不満、なんらかの精神的ストレス（19ページ参照）が原因であることが多く見られます。特に仲よしのネコがいなくなったり、家族構成の変化があったときなどです。脱毛症が、おなかや後ろ足の内側によく見られます。ネコの**知覚過敏症**（192ページ参照）の症状の1つであることもあり、エスカレートすれば**常同行動**に発展することもあります。

この場合、まずは原因となる皮膚疾患（アレルギー、寄生虫、カビなど）や、そのほかの身体疾患（内分泌系の病気や痛みをともなう疾患など）がないかを獣医師に調べてもらってください。

「これって、常同行動？」と思ったら

まずは獣医師に身体疾患がないか調べてもらい、なければ心因性のものと考えて対策をとる

心因性の過剰なグルーミングの原因

❶遺伝要因

～シャムネコ、バーミーズ、ヒマラヤン、アビシニアンに多い

❷環境要因

～退屈、欲求不満といったストレスが原因で発生しやすい

「**常同行動**」や「**強迫行動**」とも呼ばれる行動は、**明らかな目的がないのに繰り返される行動**のことです。典型的な例は、動物園の檻の中で生活する動物が、意味もなく長時間、檻の中を繰り返し行ったりきたりする行動です。

自然界で生活する動物には見られないとされているため、この行動のおもな原因は、「満たされない環境要因」と考えられています。この行動は、人間でいうと、同じ行動（手洗いなど）を何度も繰り返さずにはいられない、強迫神経症に相当すると考えられています。

ネコの代表的な症例としては、過剰なグルーミング、クルクル回ったり、自分のしっぽを追いかけたりする動き、意味もなく繰り返し鳴く行為、タオルなどを吸ったりする行動（ウールサッキング、183ページ参照）などが挙げられます。日常生活に支障があるほどエスカレートすれば、常同行動に発展する可能性もあります。なかでも特に、過剰なグルーミングは、エスカレートすると皮膚炎を起こしたり、自傷行為に発展する可能性もあるので、早めの対処が必要です。

とはいえ、過剰なグルーミングのすべてが、かならずしも常同行動というわけではありません。その行動の続く時間や強さ、外からの刺激でやめさせることができるか、睡眠サイクルの変化や

学習能力の減少、日常生活に支障がでるかなどを目安に、常同行動かどうかを判断します。

常同行動を治すのは難しい

常同行動は、自分でなんらかの不満やストレス状態、心の葛藤を解決しようとする行動です。

繰り返し行動することで、脳から脳内麻薬とも呼ばれる**ベータエンドルフィン**が分泌されます。ベータエンドルフィンは、快感作用や鎮痛作用がある神経ペプチドの1つであり、まさに「気持ちいい！」状態になってしまいます。この行動が習慣化されれば、やめさせるのは困難です。

また、ベータエンドルフィンが分泌されることで、ドーパミンやセロトニンといった脳内の神経伝達物質のバランスが崩れます。長期間続けば、これら脳内の神経伝達物質の受け皿となる「**受容体**」にまで影響がおよび、神経伝達物質をうまく調節できなくなると考えられています。

常同行動は、ストレスに適応できないこと（適応力の減少）が大きな原因ですが、適応力の強さは、遺伝要素や社会化時期の経験、健康状態、環境要因に大きく左右されます。特に、子ネコのときに孤立して、刺激のない環境で育ったネコは、適応力が劣ります。

対処法

まず、獣医師に、原因が皮膚疾患をはじめとする身体疾患でないかを十分に検査してもらいます。身体疾患を原因から排除することが大切です。心因性の過剰グルーミングなら、ストレスの軽減と環境の改善に努めます。

常同行動が発生するメカニズム

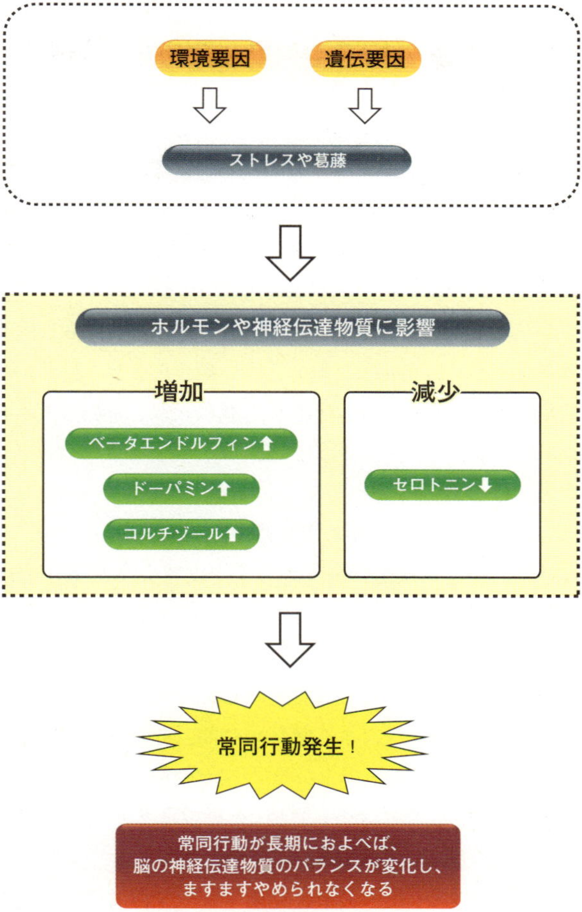
環境要因
遺伝要因
ストレスや葛藤
ホルモンや神経伝達物質に影響
増加
ベータエンドルフィン↑
ドーパミン↑
コルチゾール↑
減少
セロトニン↓
常同行動発生！
常同行動が長期におよべば、
脳の神経伝達物質のバランスが変化し、
ますますやめられなくなる

・原因となる身体疾患のチェックと治療

過剰なグルーミングが心因性のものと診断するには、さまざまな皮膚のかゆみをともなう皮膚疾患を、原因から1つひとつ確実に排除していかなければなりません。たとえば、食物アレルギー、アトピー、ノミなどの外部寄生虫です。これには、獣医師のもとでの**一連の検査が必要**で、原因を明らかにするには検査が欠かせません。

特にネコが外にでていける環境の場合、ノミアレルギーや感染症の可能性も大きくなります。室内で飼っている場合でも、まれに部屋のスプレー用芳香剤や新しい洗剤に対してアレルギー反応を起こすネコがいます。

ネコがなめている様子がないのに脱毛している場合も、内分泌系の病気をはじめ、ホルモン障害、すい臓がんなど、脱毛が症状として現れるさまざまな身体疾患を考慮に入れ、診断してもらう必要があります。

・ストレスとなる原因を見極め取り除く

はっきりした身体疾患が見つからず、皮膚炎や脱毛が心因性の過剰グルーミングからきている疑いがあるとしましょう。この場合、大きな環境の変化、家族構成の変化、同居ネコとの緊張した関係など、ストレスとなる要因に心あたりがないか考えます。

このとき、グルーミングする回数や時間、その日にあった出来事(来客あり、同居ネコとけんかなど)、どの飼い主がいるときに起こるのかなどを簡単にメモしておくと役立ちます。飼い主の気を引くための行動である場合もあるからです。

ネコにとってのストレス要因を見極め、取り除くことが問題解決の鍵です。

・場合によってはエリザベスカラーを使う

心因性の過剰グルーミングの場合、エリザベスカラーの装着や服の着用は、ネコの「なめたい」という衝動を抑えられないので根本的な解決策にはなりません。しかし、皮膚炎（二次的な細菌感染）を併発しているような場合、**一定の時間だけ、ネコがなめるのを防ぐために**、**エリザベスカラー**を使うこともできます。たとえば、飼い主の目の届かない時間だけなどです。

ただし、ネコがそれにおびえたりする場合や、さらにストレスを溜め込んでしまう場合は逆効果なので、注意が必要です。

また、エリザベスカラーをつけることで、ネコが本当になめているから毛が抜けるのか、それとも脱毛症なのかを判断する目安にもなります。飼い主が見ていないときに、執拗になめている場合もあるからです。

一時的になめさせないようにするには有効

場合によっては、エリザベスカラーを使う

・環境を改善する

第6章を参考にして、ネコのニーズに合わせて清潔でより快適な生活環境をつくります。縦の空間を利用した十分な運動スペース、ネコが安心してリラックスできる場所を提供し、ネコの興味を引くような多彩な環境づくりに努めます。ネコに不安感を与えないよう、食餌、遊び時間などはなるべく規則正しくし、メリハリのある生活をさせるようにしましょう。

・ネコと遊ぶ

第6章を参考にして、ネコとアクティブに遊んだり、アクティブに食餌を与える時間をつくりましょう。ネコはエネルギーを発散でき、ストレス解消にもつながります。ネコが体をなめようとしたら、**ピンポン玉**や**丸めた紙**を投げたりして気をそらし、お気に入りのおもちゃで、10分ぐらい遊んであげましょう。

・フェリウェイの使用

ここでも、ネコのほおから分泌される天然のフェロモンを人工的につくったフェリウェイが、ネコの不安やストレスをやわらげることがあります(第6章参照)。

・薬物療法

軽度の心因性の過剰グルーミングに対し、抗うつ剤などで脳内の神経伝達物質セロトニンの濃度を高める治療は、あまり効果が見られていません。心因性の過剰グルーミングと診断されても、実は、なんらかの皮膚疾患や身体疾患が関与している場合が多く、はっきりとした診断は難しいのです。

しかし、重度の心因性の過剰グルーミングに対しては、抗うつ剤で情緒を調節・安定させる効果もあるセロトニンの濃度を高める治療を、ほかの対策とともに補助的に併用することで効果が見られます（第6章参照）。

常同行動の程度の目安と対策法

軽度

・繰り返し行動が短く、起こらない日もある
・自らやめたり、刺激（手をたたいたりなど）を与えるとやめる
・身体的な損傷がない
・日常生活に支障がない（睡眠時間が多少減ることはある）
・飼い主とのコンタクトや遊ぶ時間が多少減る

重度

・繰り返し行動が長く、ひんぱんに（毎日）起こる
・刺激（手をたたいたりなど）を与えても一向にやめない
・身体的な損傷がある（皮膚炎など）
・日常生活に支障がある（昼夜のサイクルが狂ったり、食欲が低下するなど）
・飼い主とのコンタクトや遊びに、興味を示さなくなる

対処法

考えられる身体疾患のチェックとその治療
ストレス要因を見極め取り除く
環境改善
規則正しい生活
ネコとアクティブに遊ぶ
場合によっては薬物療法

事例 体の一部をはげるまでペロペロなめてしまいます

問題

名前：ミケ
性別：♀
年齢：3歳、避妊ずみ

「ミケ」は、生後4カ月のときから飼っています。人なつっこくかわいいネコなのですが、1カ月ほど前から、**暇さえあれば体をペロペロなめる**ようになりました。特におなかと後ろ足の内側で、その部分は毛が抜けて、はげてしまいました。

実は、3カ月ほど前、現在住んでいる場所に引っ越ししてきたのですが、ミケは以前住んでいた家では自由に外にでられたものの、この家の近所はクルマがひんぱんに通り危険なので、完全な室内飼いです。私が家にいるときは、バルコニーにでられますが……。ミケは、外にでられないために、欲求不満でこんなことをするのでしょうか？

診断

この場合は、明らかに過剰なグルーミングが見られたものの、アレルギーや皮膚疾患などの原因は見つかりませんでした。ですから、**心因性の過剰グルーミングによる脱毛症**と思われます。引っ越しそのものや引っ越し後の完全な室内飼いは、ネコにとっても大きな環境の変化なので、とまどっているのでしょう。外にでられなくなったことによる刺激のない生活からくる退屈さ、外にでたいという欲求がかなわない葛藤が、このような過剰なグルーミングをするきっかけになったようです。

対策

外にでられなくなったわけですから、そのぶん、室内での刺激を増やす必要があります。ネコとアクティブに遊んだり、アクティブに食餌を与える時間をかならずつくり、十分にエネルギーを発散させ、ストレス解消できるようにします。

とりわけ獲物を捕らえて満足感を得られるような遊びを取り入れます。最低でも1日に数回(1回最低15分)してください。ミケが体をなめようとするのを目撃したら、ピンポン玉などを投げて気をそらし、お気に入りのおもちゃで、引き続き10分ぐらい遊んであげましょう。

クリッカーを使ったトレーニングを取り入れれば、精神的な刺激にもなり、ミケが心身ともにエネルギーを発散するのに最適です。もちろん、飼い主とのスキンシップはいままで以上に増やしてください。

環境も改善します。ミケには、室内だけでの生活に徐々に順応してもらいます。縦の空間を利用した十分な運動スペース、安心して隠れられる場所、爪とぎ場所を設けます。ネコは外の様子を見るのが大好きなので、出窓から外を見渡せるような場所をつくります。

バルコニーには転落防止ネットをつけたうえで、高さのある**キャットタワー**などを用意すれば、外のさまざまな動きを眺めながら、においや音を感じ取れるようになるのでお気に入りの場所になるはずです。

5-4 食事の問題行動（ウールサッキングや異嗜行動）

ネコが、タオルやウールなどの織物をチュウチュウしゃぶる、「**ウールサッキング**」とも呼ばれる行動や、本来消化できない異物（タオル、織物、ビニール、ゴム製品、プラスチック、観葉植物、トイレの砂など）を食べてしまう「**ピカ**」とも呼ばれる「**異嗜《いし》行動**」を見せることがあります。

ウールサッキングは、子ネコが母ネコのおっぱいを吸うかのような仕草で、とりわけ2～8カ月のネコによく見られます。母ネコから早く離され、十分に母ネコの愛情を受けられなかったことが大きな原因の1つと考えられています。

ウールサッキングでは、ウールに含まれる「**ラノリン**」と呼ばれる油分（羊毛脂）が、母ネコのにおいや感触を思いださせるとも考えられています。これらのネコは、愛情不足を補うかのように飼い主のあとをついて歩いたり、飼い主に依存しがちです。

異嗜は、消化できないものに含まれるにおいや味（ウールに含まれるラノリンやプラスチックに含まれる油分など）に引かれるため、栄養不足（寄生虫なども含める）、貧血症、繊維質の不足を補うため、草を食べる感触を得るため（プラスチックを食べる場合）とも考えられています。しかし、はっきりした原因はわかっていません。どちらの行動も、シャムやバーミーズといった東洋系のネコに多く見られるため、**遺伝的要素も大きい**と考えられています。

これらの行動は、ストレスや満足できない退屈な環境がきっかけとなっていることが多く、エスカレートすれば、171ページで解説した常同行動や強迫行動へ発展することもあります。こうなると繰り返すことで満足感を得てしまい、やめさせるのが難しくな

飲み込むと危険なウールサッキングと異嗜

ウールサッキングは、繊維などをチュウチュウ吸うこと

異嗜は、食べられないものを食べること

●考えられる原因
○ウールサッキング
→早い時期（生後6週間以前）に母ネコから離されたネコが、愛情不足を補っている

○ウールサッキング、異嗜
→栄養不足（空腹感や栄養素を満たさない食餌）
→遺伝要因（シャムネコやバーミーズ）
→環境要因（退屈、ストレス、欲求不満）
→常同行動

ってきます。なるべく初期のうちに対処しましょう。

対処法

異物を食べる異嗜に比べ、織物をチュウチュウしゃぶるだけのウールサッキングの場合は、ネコに危険をおよぼさないので放っておいてもよい、という見方もあります。しかし、誤って飲み込まないように注意しなければなりません。飲み込んでも、吐いたり排泄されるとはかぎりません。素材や形状にもよりますが、異物を飲み込めば、**腸閉塞**を起こすこともあります。特に長い毛糸などを飲み込めば、腸閉塞から腸の壊死にまで進み、最悪、命を落とすこともあります。観葉植物のなかには、ネコに毒なものもあります。食べられていけないものは、まず、ネコの手が届かないところにしまいましょう。

・飼い主の態度を見直す

飼い主が叱れば、飼い主の見ていないところで、これらの行動をしようとします。ですから、叱るより防ぐことに重点を置きます。ふだんから十分にネコとスキンシップをとるようにしましょう。

・食事を改善する

咬みごたえのある食餌や、食物繊維の豊富な食餌(毛玉ケア用)に変えたり、**ネコ用の草**を用意することで解決する場合もあります。ネコがイネ科の草を好んで食べるのは、食物繊維やビタミンが不足していたり、胃に刺激を与えて毛玉を吐きだすためと考えられています。しかし実のところは、はっきりした理由がわかっていません。人間がガムを咬むように、ネコもたんに草の咬み心地を楽しんでいることもあるようです。

本来、自然界で単独で狩りをするネコは、食べ物（獲物）を1日をとおして10～20回に分けて食べています。食餌を与える回数を増やし、食餌の与え方を工夫することが功を奏する場合もあります。もちろん、1日をとおしての食餌の量は増やしてはいけません。また、飼い主の留守中には、第6章を参照して、アクティブな食餌を試してみましょう。

食べてしまってもだいじょうぶなものを用意する

ネコの草を用意するだけで解決することもある

・環境を改善する

ネコにきっかけを与えないように、食べられてはいけないものは、ネコの手が届かないところにしまいます。対象がウールなどにかぎられている場合は、**ネコが嫌う香水**をかけたりして、嫌悪感を抱かせるのも手です。ストレスの原因を取り除き、第6章を参考に、ネコにとってより快適な環境づくりに努めましょう。

・ネコと遊ぶ

ネコが十分にエネルギーを発散できないと、この行動はエスカレートします。第6章を参考に、ネコとアクティブに遊んであげましょう。特に獲物をマネて捕らえさせるような新しい遊びを取り入れ、ネコに満足感を与えながら興味の対象を変えていきます。クリッカーを使ったトレーニングを取り入れれば、精神的な刺激にもなり、心身ともにエネルギーを発散するのに効果があります。

事例 ビニール袋を食べてしまいます

問題

名前：サム
性別：♂
年齢：3歳、去勢ずみ

「サム」のことで困っています。サムは捨てネコだったようで、5カ月のときに、知人の紹介で引き取りました。サムはもともと臆病で、お客さんがくると1時間ぐらいは物陰に隠れています。私にはなついており、ネコじゃらしなどで遊ぶのが大好きなので、毎日遊んであげています。

サムは、不思議なことに、**ビニール袋を見るとなめ、歯で引きちぎって食べてしまう**ことがあります。食餌は十分に与えているのでおなかがすいて食べているとは思えません。どうしてこんなものを食べるのでしょう？

診断

ピカとも呼ばれる**異嗜行動**です。原因ははっきりわかりませんが、サムの場合は、この行動がビニール袋にかぎられているので、ビニールに含まれる成分のにおいや味、または袋がシャリシャリする音や感触を気に入ったのかもしれません。もしくは、捨てネコのときにこれらを食べていた可能性もあります。いずれにしろ放置するのはおすすめできません。

対策

スーパーなどにあるビニール袋だけでなく、プラスチック素材には、樹脂をやわらかくする**可塑《かそ》剤**が含まれています。なめるだけで、ネコが胃炎を起こす可能性もあります。大量に食べれば腸閉塞を起こす危険もあるので、すべてのプラスチックの袋は、かならずネコの手が届かないところにしまいます。

・食餌を改善する

食餌は、食物繊維の豊富なドライフードに変え、ネコ用の草を用意します。ネコは本来、食べ物（獲物）を何回にも分けて少しずつ食べますから、1日の食餌の量は変えずに、食餌を与える回数を増やします。

たとえば、ドライフードを隠したり、紙袋や空き箱に入れたりします。穴を開けたラップなどの芯に食餌をつめ、コロコロ転がすと食餌が穴から少しずつでてくるように工夫すれば、ネコは餌を取ろうとやる気を見せ、運動量が増えます。**コング**などを使うのも手です。

・環境を改善してネコとアクティブに遊ぶ

サムが退屈しないように、飼い主がいない時間にも窓から外が見える場所をつくったり、垂直面を利用して、ネコが十分に運動できるよう工夫します。

特にサムが満足感を得られるような、ネコじゃらしなど獲物をキャッチできるような遊びを取り入れます。朝晩2回（最低でも15分）、しっかり遊んであげましょう。日ごろからスキンシップをする時間も十分にとります。

食餌の与え方を変える

ビニール袋はネコの手が届かない場所へしまう。その後、食餌の量は変えずに回数だけを増やす。1回あたりの量は減らすのを忘れずに

5-5 活動性に関する問題行動

ネコの**活動性**が許容度を越える――たとえば、早朝や夜にネコが走り回ったり、騒ぎだして、飼い主が困る場合があります。しかし本来、自然界のネコは、平均で1日の約14.8%、3時間以上もの時間を、獲物を探し、忍び寄り、捕らえる時間に費やしています。ネコはもともと、早朝や夕方に狩りをする習性があります。

ですから、室内で人間に飼われているネコでも、年齢にかかわらず、ある時間になると15～30分ぐらい動きが活発になることがあります。このうち数分間は、まさに狂ったように室内を走り回ることもあります。理由はわかりませんが、排便のあとに部屋を走り回ることもあるようです。

ネコの活動性は、ネコの気質、年齢や健康状態によっても異なりますが、特に**3カ月ごろを過ぎた子ネコや若いネコは、好奇心旺盛で探索行動や活動性も増します**。このようなネコの探索や運動といった行動のニーズを満たすには、室内飼いのネコにも思う存分、心身ともにエネルギーを発散できる環境を整えなければなりません。

しかし、ネコが異常とも思われるような活動性を見せる場合は、以下に挙げるような病気や行動障害の可能性もあります。

甲状腺機能亢進症

ネコにいちばん多い、内分泌系の病気の1つに挙げられます。「**甲状腺機能亢進症**」は、甲状腺からのホルモンの分泌が高まり、身体の代謝が活発になって、心臓をはじめ、さまざまな臓器に影響を与える病気です。

呼吸数や心拍数が増え、血圧が高まり、以前よりたくさん食べたり飲んだりするけれども、体重が減ったり、毛づやが失われて抜けたり、嘔吐や下痢をするなどの症状が現れることもあります。行動の変化としては、落ち着きがなく活動性が増し、ときに攻撃的な態度を見せる場合もあります。

病状が進行すると、あらゆる臓器が活発に働かされたせいで、逆に食欲や活動性が低下し、弱々しい様子を見せることもあります。8歳以上の中～高年齢のネコに発症することが多く、もし

ネコのために数分間はしんぼうしよう

ネコが決まった時間（たいてい夜）に、家中を勢いよく走りだすのは、狩りを行う習性のなごりと、エネルギーを発散させたいから。数分のことなので、思う存分走らせてあげたい

中〜高齢のネコが急に活動的になったら、一度、甲状腺ホルモンの検査を動物病院でしてもらいましょう。

知覚過敏症

ネコの「**知覚過敏症**」は、比較的よく見られますが、いまだに原因がはっきりしません。「**背中が波打つ症候群**」ともいわれ、以下のような症状がでます。

❶ 背中の痙攣
❷ 過剰なグルーミング
❸ 瞳孔の拡張
❹ 1点を凝視する
❺ 過度に鳴く
❻ 近くにいる人間や物体を突然、威嚇・攻撃する
❼ 過度にしっぽをふったり、自分のしっぽを追いかける
❽ 突然、走ったりジャンプする
❾ 自分の体の一部を、血がでるほどなめ続けたり、咬んだりする自己傷害的行動

ネコの知覚過敏症は、このような異常行動や過剰な活動性を発作的に繰り返すことで知られており、症状が多様なので診断するのが困難です。1〜4歳ぐらいのネコに比較的多く発症し、シャム、バーミーズ、ヒマラヤン、アビシニアン系のネコに多いともいわれています。原因は、神経疾患(脊髄や脳の異常や疾患、中毒など)、皮膚病(皮膚炎、食物アレルギー、アトピーなど)、筋肉傷害、感染症だったり、てんかんの一種や常同行動・強迫行動の一種という見解もあります。数秒から数分続く発作中は、

神経が過敏になっており、とりわけ音やにおいの刺激に敏感に反応し、攻撃性を示すこともあります。

ネコの知覚過敏症は、環境の変化などのストレスが引き金となって発病するとも考えられています。自分のわき腹あたりやしっぽをかいたり、人間にさわられたり、なんらかの音に誘発されたりすることがありますが、突発的に起こることもあります。

多動性障害

注意力が散漫で物事に集中できない、落ち着きがなくじっとしていられない、感情をコントロールできない——こんな症状を示す人間の「AD/HD（注意欠陥／多動性障害）」という障害を耳にしたことがある人は多いでしょう。

近年、この障害は**イヌやネコにも見られる**ことが明らかになってきました。特徴は、遊んでいても集中力に欠ける、学習できない、リラックスできない、新しい状況に慣れない、罰を与えられると興奮状態を抑えきれず攻撃行動を示す、などです。

ネコは、イヌほど症例が多くなく、明らかになっていないことがたくさんありますが、遺伝要素や不十分な社会化が原因と考えられています。これは「**多動性障害**」と呼ばれています。

多動性障害のネコは、子ネコ（生後4カ月前）のころから、ほかの同年齢のネコに比べ落ち着きがなく、過度の活動性を示します。自分の動きをコントロールできない傾向があり、遊びを終えるのが困難だったりします。一方、気が散って1つの遊びにあまり集中できません。少しの刺激（音など）ですぐに目を覚ますなど、外部刺激に過剰に反応し、寝ている時間も少なくなります（ネコの年齢にもよりますが12時間以内）。物をひっかいたり、壊したり、飼い主に**遊び攻撃**（116ページ参照）を示すこともあります。

いろいろな遊びに目移りしやすいときは注意

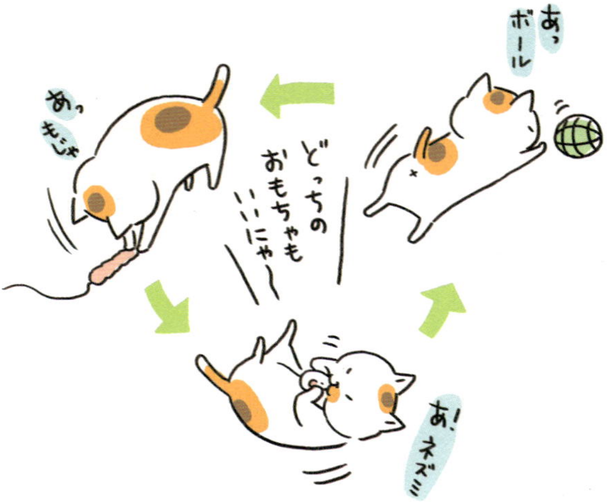

あまりにも落ち着きがなかったり、集中できないようだったらネコのAD/HDも疑ってみる

対処法

ネコの行動欲求を満たすことが大事ですが、ネコがリラックスできる環境をつくってあげるのも大切です。なんといっても、**飼い主自身のリラックスした態度**が、ネコのリラックスにつながります。飼い主は日ごろから規則正しいメリハリのある生活を心がけ、ネコが予測できないストレスが発生する状況を避けます。

・飼い主がとるべき態度

飼い主がネコの興奮につられて大声をだしたり、ネコを捕まえようと奮闘したり、叱ったりすれば、ネコの興奮度がさらに高まり逆効果です。あくまでも静かに接することが大切です。日ごろから、ネコが静かにしているときなどにやさしく名前を呼んで、なでたりしてほめてあげましょう。

・環境を改善する

第6章を参考に、ネコにとってより快適な生活環境をつくります。**縦の空間を利用した運動スペース、ネコが自由に走り回れる長い廊下や、階段などがあれば理想的**です。ネコが勢いよく走ってもだいじょうぶなように、危険なとがったものや、落としたり、壊されたくないものがあれば、ネコの手が届かないところにしまいます。爪とぎ場所も十分に用意します。

・ネコと遊ぶ

ネコの行動欲求を満たすため、第6章を参考にして、ネコとアクティブに遊ぶ時間をつくったり、アクティブな食餌を取り入れます。特に、狩りをマネた遊びを取り入れ、最低でも1日2回（1回15分）は、エネルギーを発散できるように思いきり遊んであげます。このとき、ネコが飼い主をひっかいたり、咬みついたりする行動に発展しないよう、**人間の手でネコを挑発したり、手を追わせる遊びは避けます**。ネコの興奮度をうまくコントロールして、遊びを終了する前にはクールダウンの時間を取ります。最後は「獲物」をキャッチさせ、ネコが達成感を得たところで遊びを終えます。クリッカートレーニングなども積極的に取り入れます。

・薬物治療

ネコの知覚過敏症で、原因となる身体疾患が明らかでない場合は、ストレスの軽減、環境の改善・行動療法と同時に、その症状に応じて薬物治療（通常、てんかんの要素が見られる場合が多く、抗てんかん薬、抗うつ薬、抗不安薬など）を取り入れることで症状を緩和・コントロールできます。

たくさん遊んであげて欲求不満を解消

遊んでエネルギーを発散させる。ボール遊びやネコじゃらし、釣ってあるボールなどで遊ばせよう

事例　夜になると狂ったように走り回ります

問題

名前：茶トラ
性別：♂
年齢：1歳、去勢ずみ

「茶トラ」は、2〜3週間ほど前からでしょうか——**夜になると狂ったように家中を走り回る**ので困っています。私たち夫婦は共働きです。平日の昼間は、6時間は家にいません。おもちゃなどはたくさん買ってあるのですが……。

夜、寝室を閉めると、ドアを開けるまでカリカリし、寝室に入れればベッドの上だけでなくそこら中を走り回り、棚に置いてあるものを落としたりして大騒ぎします。静かに寝てくれるなら、寝室に入れてあげたいのですが……。昼間から夕方にかけて、あまりかまってあげられなくなったのが原因でしょうか？

診断

不十分なエネルギーの発散と飼い主の関心を引こうとする行動です。ネコは本来、完全な夜行性ではありません。狩りをする早朝や少し暗くなってきた時間が、もっとも活動的といわれています。飼いネコは、人間が相手をしてやれば、昼間でも寝てばかりいるわけではなく活動的になり、たいていは人間の生活リズムにじょうずに合わせることができます。

茶トラは、昼間、飼い主にあまりかまってもらえなくなり、日中、寝ている時間が長くなりました。しかし、飼い主が仕事から戻れば、当然**退屈な時間から解放されて活動モード**になります。茶トラは1歳前後なので、特に探索心が旺盛です。茶トラにとって、日中はドアが閉まっていて入れない「立ち入り禁止区域」の寝室の探索が魅力的なのはもちろんです。なにより茶トラが寝室に入りたがるのは、飼い主と遊んだり同じ部屋にいたいというのが理由でしょう。飼い主の帰りを首を長くして待っていたわけですから。

対策

茶トラが飼い主の留守中も退屈しないように、窓から外が見える場所をつくったり、アクティブに食餌を探せるようにして「仕事」を与えます。ダンボールの箱などに、ネコの興味に応じて安全なもの(ワインのコルク栓、ピンポン玉、ドライフードをくるんで丸めた紙など)をごちゃごちゃと入れ、軽くふたを閉じておくだけでも、ネコの探索心を満足させることができます。ネコがジャンプできるような、縦の空間を利用したスペースや高さがあるキャット・タワーなどを用意すれば、茶トラの運動量も増えます。

飼い主が帰宅したら、できるかぎりネコとスキンシップをとり、遊ぶ時間をつくります。特に寝る前(寝室に入る前)に、最低でも15分はエネルギーを十分に発散できるよう、狩りをマネた遊びで茶トラと遊んであげます。

寝室に茶トラをどうしても入れたくないなら、がまんしてドアを開けないようにすべきですが、寝室を(被害がないよう)整理整頓したうえで中に入れ、**思う存分探索させる**ほうがベターです。このとき飼い主は大騒ぎせず、静かな態度で接します。茶トラの探索行動も、年齢とともに落ち着いてくるはずです。

最初は興奮していても次第に落ちつく

ほとんどのネコは徐々に人間の生活パターンに順応し、そのうち茶トラは心身ともに満足して、寝室で静かにぐっすり眠るようになるだろう

COLUMN

ドイツ式ネコのトイレ砂利用法

ドイツで市販されているネコのトイレ砂は、粘土・鉱物系、木や植物繊維などの天然素材系、シリカゲル系などが主流です。日本で市販されている砂の種類は、ドイツよりはるかに豊富ですが、あまりムダがなく、掃除もじょうずというイメージもあるドイツ人だけあって、ネコのトイレ砂を意外な用途に使う人もいます。においや水分を吸収するという利点を生かすのがポイントです。

❶ちょっとにおう靴の中に砂を入れ、ひと晩置いておく。次の日にはくさい靴のにおいが消える。このとき、ネコが誤って靴の中におしっこをしてしまわないよう、靴はくれぐれもネコの手の届かないところに置いておく。

❷冷蔵庫や生ごみ用のゴミ箱、使用ずみおしめ用のゴミ箱に少量入れて、消臭剤として利用。

❸水分やオイルなどを床にこぼしたとき、砂をばら撒く。しばらくしたら、ほうきとちり取りで集めて捨てる。

❹自動車用オイルのしみがコンクリートについたときも同様に。

❺部屋の観葉植木に水をあげられないときは、シリカゲル系の砂を植木の土の下に混ぜ込んで水をあげる。植物は少しずつ水を吸収できるので数日間の外出時には便利。

❻砂を入れた容器に花を入れておけば、2～3日でドライフラワーのできあがり。

❼冬に雪が降り、道が凍ってしまったときなど、クルマにネコ砂を積んでおけば、非常時のすべりどめとして活躍する。少量の砂を皿などに入れ、車内などに置いておけば湿気取りにもなる。

❽適量の砂（100％粘土系）をボウルなどに入れ、お湯を入れて混ぜる。ペースト状になったら顔や首などに塗りつけて、オイリー肌（脂性肌）用のパックとして使用できる。15分ほど経ったら洗い流す。

注：全部試したわけではありません。

第6章

対処法の具体例を見てみよう

6-1 環境改善

この章では、**環境をネコが心地よく住めるように改善する方法**、また、**行動療法の理論**や**薬物治療**について解説します。

もし、ネコが問題行動を示したら、それがたとえどんなものであっても、まずはネコの生活する環境を豊かにすることから始めましょう。ネコはとても適応力のある動物ですが、なんらかの小さな不満が積み重なって、問題行動を起こしていることも多いからです。

ネコは、いくら変えたくても自分で周りの環境を変えることはできません。ネコが心身ともに満足できるよう、単調になりがちな生活に工夫をこらし、ネコの興味を満たす多彩な環境づくりに努めましょう。実際に環境改善で問題行動が解決する場合も少なくないのです。

環境改善とは、**その動物の行動のニーズを満たし、飼育環境を豊かにすること**です。

難しく考えず、ネコになったつもりで、自然に暮らすネコがなにをしたいか思い浮かべてみましょう。「その辺をウロウロ探索したい」「獲物（ネズミ、虫、小鳥など）を狙ってつかまえたい」「落ち葉のにおいをかぎながら、その上でゴロゴロしたい」「仲間のネコと毛づくろいしたい」「陽だまりで昼寝したい」「木登りしたい」など、たくさん思い浮かべてください。

工夫次第で、室内で暮らすネコにも外にでられるネコに近い程度まで欲求を満たしてあげることができます。それはまさに、飼い主の腕の見せどころです。

具体的には次の4つの視点から工夫・改善してみましょう。

ネコが好むさまざまなしかけをつくろう

ネコが喜びそうな部屋にする。自分がネコにな ったらどんなものがあるとうれしいかを想像し、上記のようなしかけを十分に考えて部屋をつくるといい

❶空間の工夫

❷ネコの視覚・聴覚・嗅覚を満たす工夫

❸ほかのネコや人間との十分な社会的コンタクト

❹狩猟本能を満たす（アクティブな食餌、ネコと遊ぶ）

❶空間の工夫

室内飼いのネコは、外で暮らすネコにくらべて行動範囲が狭く、どうしても運動不足になりがちです。しかし、**部屋を立体的に使用し、部屋の高さを十分に利用する**ことで、ネコが満足する空間をつくれます。その際、ネコの気質を十分に考慮します。たとえば、活発なネコには十分な運動スペースを与える、臆病なネコにはたくさんの安心できる隠れ場所を与える、というぐあいです。また、ネコの年齢に合わせることも大事です。たとえば、高齢のネコがジャンプに失敗してケガをしないよう、踏み台をつくって段を増やし、楽に登れるように工夫するなどです。

・登ったり走ったりできる運動スペース

ネコが走れる十分な空間（廊下など）や階段などがあれば理想ですが、少々狭くても縦の空間をじょうずに利用します。棚やたんすなどの段差を利用したり、日曜大工が少しできれば、ホームセンターなどで棚用の木の板を購入し、これまで使っていなかったスペースに棚をつけましょう。壁のいろいろな高さの場所へ棚をつければ、ネコはジャンプやキャットウォークを楽しめます。ネコのやる気次第で**部屋を1周できるような取りつけ方**もいいですね。

ネコの上下運動、爪とぎ、隠れ場所を兼ねた、高さのあるキャットタワーも市販されていますが、住宅事情が許すなら、ホームセンターで木の柱（天井に届くような高さで、太さは10×10cmぐらい）や、取りつけが難しければ、天井まで届く突っ張り棒を購入したいところです。そこに安価なヤシ繊維マットや麻布（麻縄）などを巻きつけ、壁から20cmぐらいのところにしっかり設置します。さらに何枚かの木の板を壁に固定して足場をつくってあげれば、ネコが大好きな木登り場所になるでしょう。

　ネコが高いところを好むのは、じゃまされずにお気に入りの場所で悠々と周りを観察したいという欲求があるからですが、飼い主と良好な関係にあるネコは、**大好きな飼い主と同じ目の高さ**

お気に入りの場所を設けてあげる

本棚から少し本をだして、ネコが入れるスペースをつくったり、かごを用意したり、イスにタオルをかけてネコが隠れられるようにする。ダンボールを加工して隠れ家のようにしてもよい

で顔を近づけてあいさつしたいため、この願望を満たすものでもあります。

・安心できる隠れ場所や寝場所

ネコは、見通しがよく、誰にもじゃまされず、しかも安全な場所を好みます。特にネコを多頭飼いしている場合は、それぞれのネコが安心して休める場所を用意してあげましょう。ネコは寝場所にこだわりがあります。高いネコ用のベッドを買っても、気に入らなければ使わないこともあります。

ネコの居場所は、お金をかけずにダンボールの箱を使用したり、本棚の本を少しだして場所をつくったりと、工夫すればいろいろできます。ダンボールでトンネルをつくったり、椅子にいらなくなった毛布をかけるだけでも、ネコの探求心を刺激し、よい隠れ場所になります。

ネコは、夏は涼しく冬は暖かい場所を、人間よりもいち早く察知して陣取ります。とはいえ、飼い主が留守をする場合などは、ネコの様子を見ながら、室温をじょうずに調節しておきましょう。特に老ネコや子ネコがいる場合は欠かせません。

・爪とぎ場所

ネコが気に入って爪とぎする場所があれば、そこに爪とぎ器や爪とぎしてもよいものを置いてあげましょう（164ページ参照）。

❷ネコの視覚・聴覚・嗅覚を満たす工夫

・窓やベランダ

出窓の前に居心地がよいように、いらないクッションなどを置いてみましょう。バルコニーがあるなら使わせてあげます。外の様子を楽しめる**お気に入りの観察場所**になること間違いなしです。そのとき、バルコニーには転落防止ネットを忘れずに張っておきましょう。

・水槽を設ける

熱帯魚などの飼育が好きなら、室内に**水槽**を設置すると、ネコといっしょに楽しんで観賞することができます。

・テレビやラジオ

賛否両論ありますが、留守中に**テレビ**や**ラジオ**をつけていくと、安心するネコもいます。実際に手に届かない獲物（画像）を見せるとネコに欲求不満がたまるという意見もありますが、ネズミや

視覚・聴覚・嗅覚を満たしてあげる

安全を確保しつつ、ネコがベランダにでられるようにすれば大喜び

鳥などが登場するビデオなどを、楽しそうに鑑賞するネコがいるのも事実です。

・ネコが好むにおいを取り入れる

ダンボールに外から拾ってきた木の枝、干草、大きめの石などを入れてあげるだけで、ネコはそのなかでゴロゴロしながらにおいを楽しめます。新しいにおいに敏感に反応して、尿スプレーするネコには、様子を見ながら試してください。

そのほか、ネコを興奮させる**ネペタラクトン**という物質が含まれている**ハーブ**の一種、**キャットニップ**や**キャットミント**を窓辺やベランダで栽培すれば、ネコは香りに引かれてスリスリしたりかじりついたりします。

また、その葉（特にキャットニップ）を乾燥させて小さな布製の袋に詰めてあげれば、マタタビと同様に興奮するネコもいます。

ダンボールに木の枝や干草を入れたりテレビを見せたりする

テレビが好きなネコや、箱庭のようなダンボールを好むネコもいる

そのほか、リラックス効果もあります。ただ、反応するかしないかは、**遺伝によって個体差**があると考えられます。30〜50%のネコは、まったく反応しないようです。もちろん、ネコ草(イネ科の草など)は、いつも提供してあげましょう。

❸ほかのネコや人間との十分な社会的コンタクト

ネコの気質や社会性に応じて、撫でたり、いっしょに遊んだり、ネコとのスキンシップの時間を十分に取ってやりましょう。

いい香りのハーブを用意する

キャットミントの香が好きなネコもいる

❹狩猟本能を満たす

アクティブな食餌は、体を動かしたいというネコの欲求を満たすのに最適です。飼い主が毎日ネコと遊べば、ネコは身体的にも精神的にも満足します。加えて飼い主もネコと遊んでリフレッシュできます。ネコと人間との絆も深まります。まさに一石三鳥です。

6-2 アクティブな食餌

自然界で暮らすネコは、1日に平均3時間半を捕食行動（獲物を探し、捕らえて食べる行動）に費やします。これを考えれば、室内飼いのネコもこの捕食行動をしたいという欲求を満足させてあげなければなりません。

アクティブな食餌は、単調になりがちな食餌を工夫して、ネコが頭と体を使い、食餌を探しながら食べるように仕向けることです。ネコは**好奇心をそそられ、食餌を取ろうと一生懸命になり満足度が向上**します。運動量も増えます。

たまには、ふつうに食餌をボールに入れることをやめ、空き箱、紙袋、卵の空箱などに入れてみましょう。ネコは好奇心旺盛なので、それだけでもでやる気を見せます。食餌は何回かに分けてあげてもよいのですが、1日に与える量はしっかり守ります。

市販のものとしては、ネコがやる気をだし、頭と体を使いながら食餌を取ろうとする「**ファンボード**（キャットアクティビティ・フ

ボールにただ入れればいいわけではない

いつも同じボールに食餌では、
ネコも飽きてしまう

簡単には食餌を食べられないように工夫する

ファンボード、ピポリーノ、食餌がでてくるボールなど、市販のツールをじょうずにつかおう

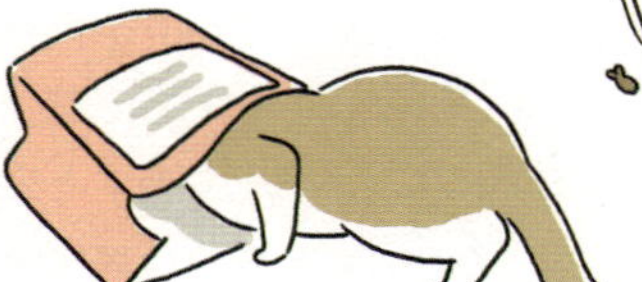

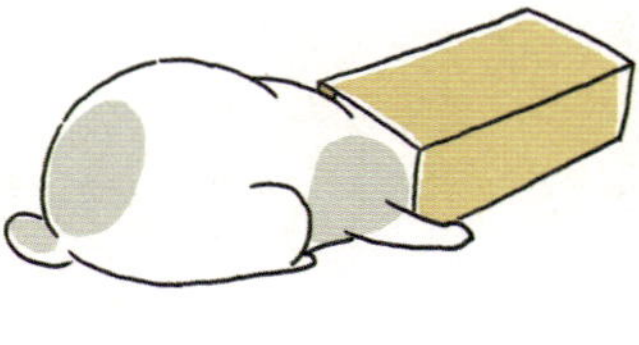

ァンボード)」、コロコロ転がすと開いている穴から食餌が少しずつでてくる「コング」「トリートボール」「ピポリーノ」などがありますが、お金をかけなくても少し工夫すれば簡単につくれます。

たとえば、キッチンペーパーの芯などに穴(ネコの手が入らない程度の大きさ)を開け、食餌を入れて両端を紙などで詰めたり、トイレットペーパーの芯をピラミッド状に組み立てて食餌を置いたりします。創造力をふくらませ、かわいいネコのために自分でオリジナル作品をつくってあげましょう。

ネコの水飲みを工夫する

ネコは水飲みも1匹1匹なかなか個性豊かです。水道の蛇口から水を飲むネコ、洗面器の水を飲むネコ、水入れの水を手ですくい、こぼしながらも器用に飲んだりするネコなど……。ネコが食餌だけでなく水にも興味を示せば、ネコの気分転換になります。水をたくさん飲んでくれれば、「泌尿器症候群」(37ページ参照)の予防にもつながります。

飲水用ボールは、何カ所かに(少し高いところにも)設置しておくと、ネコが好きな場所を自分で選べます。このとき、フードボールと並べて置く必要はありません。電源を入れると新鮮な水が循環してチョロチョロ流れてくる「循環式給水器」などは、さまざまなモデルが市販されているので、ネコへのプレゼントを考えている人は試してもよいでしょう。たいていのネコは興味津々で使うようです。

夏は、ツナ缶を水で薄めたあと、氷をつくるように凍らせて与えれば、ネコはペロペロとなめながら長時間楽しむことができます。なお、ネコの胃腸が敏感で、消化不良などの症状があればすぐにやめます。

お金をかけずに自作もできる

紙袋、空き箱、卵の空き箱、キッチンペーパーやトイレットペーパーの芯などを使って簡単に自作できる。トイレットペーパーの芯をピラミッド状にのりで貼ったり、靴の空き箱にトイレットペーパーの芯をつめるだけでもだいじょうぶだ

水分不足にならないよう工夫して水を与える

循環式給水器はネコがおもしろがって使うことが多い。味のついた氷などをつくったりして、水分補給を欠かさずに。衛生面にだけは気をつけて

6-3 ネコとじょうずに遊ぶ

ネコ用のおもちゃは、さまざまなものが市販されています。おもちゃはいくら高価でも、床の上にほったらかしではネコが興味を示しません。わざわざ買ったおもちゃより「**こんなものが……**」と思うようなものに興味を示すネコもいます。たとえば、身近なアルミホイルや紙を丸めたもの、ワインを開けたあとのコルク栓、ピンポン玉などをやけに気に入り、投げてあげるだけで興奮して追いかけて遊ぶネコもたくさんいます。なかにはくわえてもってくるネコもいます。

ネコの年齢や興味に応じて、飼い主が積極的にネコと遊んであげれば、ネコとの絆は強まります。なんといっても、**獲物を連想させ、それをキャッチする遊び**は、ネコの生まれもった狩猟本能をくすぐり、ネコはじっとしていられません。それらの獲物の動きをうまくマネるのは、飼い主の腕の見せどころです。子ネコや若いネコだけでなく、中～高齢のネコも、飼い主の腕次第でたくさん遊びます。

市販のさまざまなネコじゃらしは安価に購入できますが、ひもやゴムに「獲物」となるものをくくりつければ、ネコじゃらしを自作できます。ネコは、太めのひもなどをじょうずに動かすだけでも興味を示します。

大事なのは、自然界でネコがよく好む獲物（ネズミ、トカゲやヘビ、バッタなどの昆虫、小鳥など）を思い浮かべ、**それぞれの動きをマネてネコの興味を引くようにすること**です。ネコは1匹1匹、個性豊かで獲物の好みもさまざまです。遊んでいるうちにそのネコがどんな遊びが好きなのかがわかり、思わぬネコの特技を

満足するようにじょうずに遊んであげよう

獲物の動きをマネる。ネコは、獲物が自分から逃げようとするからこそ興味を示す。ネコじゃらしはネコから遠ざかるように動かそう。止めたり、動かしたり、床をはわせてネコが忍び寄るのを待ったり、追わせたり、上に持ち上げてジャンプさせたりする

ネコがいちばん興味を示すのは、獲物が物陰や穴に逃げ込む（見えなくなる）瞬間。ダンボールやクッションなどを利用して「獲物の姿」を一瞬消す

ネコは獲物を捕まえた瞬間に達成感を覚える。ネコが十分に獲物を追いかけたら、最後は獲物をキャッチさせて満足感を味あわせてあげよう

見つけだせるかもしれません。

ネコとの遊びで大事なこと

❶人間の手や足などを追わせたりすると、手や足が獲物の対象になることがあるので避けます。

❷有害な塗料や素材、有毒な植物などを使ったおもちゃ、プラスチックの袋、先のとがったおもちゃなどは避けます。ケガや事故の原因になります。

❸遊ぶ時間は、それぞれのネコの気質や健康状態などに合わせます。1日1回15分程度を、2回以上遊んであげられれば理想的です。できれば朝と夜がよく、食後すぐは避けます。なぜなら、ネコはネズミを捕まえるのに15分ほどかかり、その後はエネルギーを使いはたし、しばらく休息を必要とするからです。

❹ネコの興奮度をうまくコントロールして、遊びを終了する前に「**クールダウン**」する時間をとります。最後はフラストレーションがたまらないように「獲物」を**かならずキャッチ**させ、ネコが満足感を得たところで遊びを終えます。レーザーポインターで遊ぶ場合も、代わりになるものをキャッチさせます。

ネズミのおもちゃ

ネコのお気に入りの
おもちゃの1つだ

❺ネコが興味を失わないように、何種類かのおもちゃをローテーションしながら使います。遊んだあとは誤って飲み込んだり（特にひもなど）することがないよう、すべてのおもちゃはネコの手の届かないところにしまいます。

いろいろなおもちゃで飽きさせないように

ネコじゃらしは、さまざまなものが市販されている。棒やひもの先に羽がついたもの、弾力性のある長さ90cmの針金の先に小さく巻いた固い紙がつき、手にもってユラユラさせる「キャットダンサー」、アクリル棒の先にフリース素材の長いひもがついた「キャットチャーマー」などがある。太めのひもやロープで遊んであげてもよい。ピンポン玉を小さめの水槽に入れた水を利用する遊びもおすすめ

6-4 学習理論

「あなたのネコは毎日学習していますか」と聞くと、「いえいえ、うちのネコは1日中食べて寝ているだけです」と答える飼い主がいます。でも、決してそんなことはありません。**どんなネコも絶えず学習**しています。

ネコを含めたどんな動物も、生き延びて子孫を残すために、そのときどきの状況や環境にうまく適応します。その瞬間をベストな状態にしようと、無意識に、または意識的に絶えず努力・学習しています。室内で飼われているネコも、五感（視覚、聴覚、嗅覚、触覚、味覚）を活用して刺激を吸収しています。この刺激が脳に情報として伝えられ、そのときどきにどんな行動をとればよいかを絶えず判断・学習しているのです。

おもな学習の仕方、つまり学習理論は、❶「**慣れる**」、❷「**古典的条件づけ**」、❸「**オペラント条件づけ**」の3つが基本です。

❶慣れる

ネコは見知らぬ刺激（音、におい、物体など）に接すると、危険な可能性もあるので、当然緊張したり恐れたりします。しかし、いちいち刺激に反応していてはムダなエネルギーを使うので、これらの刺激に何度かふれ、身の安全を脅かすような危険はないとわかってくれれば、いずれ刺激になんの反応も示さなくなります。これが「**慣れる**」です。いちばん単純な学習理論です。

❷古典的条件づけ（条件反射）

古典的条件づけ（条件反射）も重要な学習理論の1つです。あまりに有名な「パブロフのイヌ」の実験です。なんの意味もない中立的な刺激（音）と食餌の組み合わせが、何度も同時に繰り返されれば、脳にその組み合わせがインプットされ、音を聞くだけでよだれが無意識のうちにでるということが実証されました。日常生活のなかでもパブロフの実験は実証されています。

古典的条件づけでは、嫌なことと組み合わされれば、緊張や不安感が生じるでしょう。たとえば、動物病院のにおいや診察台が、以前の注射の痛みと関連づけられ、動物病院に入るだけで無意識に不安になり、おびえるネコもいるでしょう。

不安や恐怖といった感情を引き起こす刺激のほうが、うれしい感情よりも早く条件づけされます。これは、危険を避け、身を守ろうとするメカニズムだからでしょう。このように、感情や気分は、古典的条件づけに大きく支配されています。

❸オペラント条件づけ（道具的条件づけ）

古典的条件づけは、2つの刺激に起因する生理的反応（条件反射）でした。このためネコの意思とはまったく関係ありません。しかし、**オペラント条件づけ**では、ネコがみずからとる行動と、その行動をとった直後の周りの反応が関連づけられます。

たとえば、ある箱は、内部のひもを引くとドアが開き、箱の外にある食餌を食べられるように仕掛けられています。この箱に入れられたネコが、たまたま、ひもを引き、その結果食餌を食べられると、次からネコはその行動を繰り返します。これはエドワード・ソーンダイクの有名な実験で示されました。

このように、ネコはみずからがなんらかの行動をとり、その行動が生じた直後の周りの反応に応じて、その後、その行動を繰り返し見せるかどうかを決めます。 なんらかの行動の結果、よ

古典的条件づけ(条件反射)
1
えさ=US
よだれ=UR
2
学習過程
カパッ
ネコ缶
開ける音
えさ=US
よだれ=UR
●2つの刺激
同時に(3秒以内に)
何度も… 起これば
3
学習しました
カパッ
缶詰
開ける音=CS
よだれ=CR

無条件刺激　US=Unconditioned Stimulus
無条件反射　UR=Unconditioned Reflex
条件刺激　CS=Conditioned Stimulus
条件反射　CR=Conditioned Reflex

缶詰を開けるたびに、いつもおいしい食餌をもらうことに慣れたネコは、たとえばみかんの缶詰を開けても、開ける音でおいしい食餌を想像してよだれをだすだろう。これは、よだれをだすという無条件反射(UR)を起こす無条件刺激(食餌、US)が、もともと中立的で意味のない刺激(缶詰を開ける音)と、ほぼ同時に繰り返し起こることにより脳で関連づけられるからだ。缶詰を開ける音が条件刺激(CS)となり、よだれをだすという条件反射(CR)を引き起こすいことが起こったり、嫌なことがなくなれば（成果があれば）、その行動を自発的にひんぱんに見せるようになります。反対に嫌なことが起こったり、よいことがなくなれば（成果がなければ）、その行動をとらなくなっていきます。

日常生活では、ネコが飼い主になでられている最中、「もう十分だよ！」とイライラし、それでも飼い主がなで続けるので、飼い主の手を咬んだとします。もちろん飼い主はここで手を引っ込めて、なでるのをやめるでしょう。するとネコは「咬めば嫌なこと（ここでは飼い主がなでること）がなくなる！」と学習し、以降、同じような状況になると咬む頻度が増えるでしょう。

このオペラント条件づけによって、飼い主も気がつかないうちに、ネコの問題行動が強化されていることもあります。たとえば、飼い主が食事中に「一度だけなら……」とネコに魚を一切れ与えたとしましょう。ネコの記憶力はたいへんすぐれています。そしてネコはとても忍耐強い生き物です。以降、**食事中にネコが催促し続けること間違いなし**です。ネコにとってよいことが起これば、よいことを引き起こしたネコの行動は強化されるのです。

オペラント条件づけの理論

学習理論	加える（＋）	取り除く（－）
行動の頻度が増える（強化）	よいことが起こる（正の強化）	嫌なことがなくなる（負の強化）
行動の頻度が減る（弱化）	嫌なことが起こる（正の罰）	よいことがなくなる（負の罰）

行動療法①
～ほめる、無視する、罰する、徐々に慣らす、逆条件づけ

「**行動療法**」は、前記の学習理論を踏まえたうえで、ネコの心理を探りながら、ネコの行動を修正していく方法です。難しいことではなく、いままでお話ししてきた対処法のなかですでに何度もでてきています。ここでもう一度、わかりやすく説明しましょう。

・ほめる

オペラント条件づけの理論を利用すれば、「よいことが起こる＝ネコをほめる」ことで、飼い主の望むネコの行動がひんぱんに起こる（強化される）ように修正していけます。「ほめる」とは、ネコの好みに応じてネコの喜ぶことをすることです。

たとえば、好きな食べ物を与える、好きなおもちゃで遊ぶ、なでてやるなどです。なかでも、いちばん効果があるのは、ネコが大好物の食餌やおやつを使うことでしょう。大事なのは、ネコが行動を示したあとのほめるタイミング（理想は1秒以内）を逃さないことと、ネコのモチベーション（動機づけ、やる気）を上げることです。当然、ごほうび（報酬）が魅力的であるほどモチベーションは高まります。人も同じですね。

ごほうびの与え方には戦略があります。まずは、**好ましい行動をいつもほめてあげます**。しかし、ネコがその行動をしっかり理解し、確実にできるようになったら、いつもほめる必要はありません。ほめる頻度をを3回に1回、5回に1回などと不規則に減らしていきます。意外かもしれませんが、毎回ほめるよりも、ランダムなほうが、ネコの「**もしかしたら、今回はごほうびの食餌をもらえるかもしれない**」という期待度が高まり、その結果、行動

がより強化されます。これは、人間が「今度こそは……」と、ゲームや賭け事をやめられなくなる心理と似ています。

逆にいえば、飼い主の気分でたまにおこぼれをもらえれば、毎回、おこぼれをもらうよりもネコの期待度がいっそう高まり、その行動は飼い主が知らず知らずのうちにより強化されているということなのです。

タブーゾーン以外の場所へ行くようにしむける

タブーゾーン
ここはOK!!
ごほうびのおやつ
ここにいた方がおいしいものがもらえるにゃー

ネコは、高いところに上って観察するのが大好きだ。しかし、どうしても上がってほしくないタブーゾーン（料理中のキッチン台など）をつくりたいときは……？　そう、絶対にそこでおこぼれの食べ物などあげてはいけない。「もう、あげてしまった」という場合は、ネコがキッチン台に上がろうとしたら、近くに設置したイスの上などで、ごほうびのおやつなどを与える。これを繰り返して行動を修正していく

・無視する

オペラント条件づけの理論を利用すれば、ネコはよいことがなくなれば、つまり成果がなければ、その行動をとる頻度が減ります。飼い主に無視されることは、ネコにとっては**成果がない**ことなので、その行動をとる頻度は減ってきます。ネコを無視するとは、「見ない、話しかけない、さわらない」ことです。やたらに無視すればよいわけではありませんが、152ページで解説したような要求鳴きに対しては、ネコがあきらめるまで根気よく無視しましょう。

・罰する

オペラント条件づけの理論を利用すれば、「嫌なことが起こる＝ネコを罰する」ことで、ネコがその行動をとる頻度は減ります。ネコが飼い主の困る行動をとれば、罰することでその行動をとらなくなるわけです。しかし、これはそう簡単ではありません。その行動と罰がネコの頭の中で結びつくには、

❶ネコがその行動をやめるような適度な強さで罰する
❷その行動をしてから3秒以内に罰する
❸その行動をしたらかならず罰する

という3つの条件を満たさなければなりません。状況が悪いと、罰が罰したい行動とうまく結びつかず、たまたま近くにいたネコと結びついてしまい、ほかのネコに転嫁攻撃(96ページ参照)する可能性もあります。いちばん問題なのは、飼い主が直接ネコを驚かしたり、ネコをたたいたり、押さえつけたりすると、ネコは飼い主のことを怖がるようになり、**飼い主との信頼関係が崩れてしまう**ことです。

飼い主と直接結びつかない罰もあります。たとえば、大きな音がしてネコがびっくりする仕掛けや、ネコがその場を通るとセン

サーが作動して無害な液体がでるスプレーなどです。これらは一時的には効果があるかもしれませんが、賢いネコだとすぐに慣れてしまう場合が多く、**罰の強さを常に強めていかなければならないので非現実的**です。以上の理由から、罰することは行動療法に適していません。

体罰は厳禁

体罰は効果が薄いだけでなく、ネコとの信頼関係を壊す最悪の手段だ

・徐々に慣らす（系統的脱感作）

ネコが不安を感じる刺激を、中立的な刺激になるように徐々に慣らしていく療法です。大事なのは、慣らしていく過程で、決してその刺激にさらさないことです。不安を感じない程度の強さ（距離）から、時間をかけて少しずつ刺激の強さを高めていくことが大切です。

・逆条件づけ（拮抗条件づけ）

古典的条件づけを利用して、不安を引き起こす刺激と好ましい結果（たとえば食餌）の組み合わせを何度も繰り返します。すると、不安を引き起こす刺激が、いつの間にかうれしい感情に条件づけされます。145ページのイラストを見てください。不安や恐れといった感情を、安心やうれしさといった反対の感情に条件づけることを、「**逆条件づけ**」（拮抗条件づけ）と呼びます。逆条件づけは、系統的脱感作（137ページ参照）と組み合わせればいっそう効果があります。実際にこれらを組み合わせて、不安に関連した問題行動を修正していきます。たとえば、特定の物体や音を怖がるネコに、恐怖や不安を感じさせない程度の刺激（十分な距離や強さ）から徐々にふれさせ、同時に新しい好ましい刺激（おやつなど）と繰り返し関連づけ、反対の感情と条件づけしていく方法です。ブラッシングを嫌がるネコを慣らしたり（123ページ参照）、仲が悪くなったネコを徐々に慣らす（102ページ参照）ときにもこの方法が用いられています。

行動療法②
～クリッカートレーニング

オペラント条件づけの理論を利用して、ほめながらネコに好ましい行動を学習させることはお話ししましたが、ごほうびを与えるときに、その効果を上げられる補助的（二次的）な道具があります。それは「**クリッカー**」と呼ばれる道具です。手の平にすっぽり入るような小さな器具で、「カチッ！」という音をだす金属の板がついています。このクリッカーを使う訓練をクリッカートレーニングといいます。

イヌのトレーニング法などでは一般的ですが、ネコにも利用できます。「ネコにトレーニングなんてしょせん無理」などと思わずにぜひ試してください。ネコが頭を使い、心身ともにリフレッシュし、エネルギーの発散につながります。

クリッカートレーニングは、決して魔法のようなトレーニングではなく、ネコの正しい行動を効果的に強化するためのものです。ごほうびを与える際、正しい行動の頻度が増えるように、いつも同じ「カチッ！」という短い音を鳴らすことで、ネコに確実に「正しいことをしているよ！」と教えることができます。

この音は、人の言葉のように、**声の違いやそのときの気分の浮き沈みに左右されることがない**うえ、すぐにごほうびをあげることができないような**少し離れた場所にいても音を鳴らせる**という利点があります。

なお、クリッカートレーニングは、ネコが頭を使いながら「こうすればクリッカーが鳴るんだ！」と考え、楽しみながら学習するものです。そして、飼い主が「それでいいよ。OK！」とコミュニケーションをとることに意義があります。決して強制的にネコに芸をさせたり、クリッカーの音でネコの注意を飼い主に向けようとするものではありません。

クリッカートレーニングのやり方

クリッカートレーニングのやり方を解説しましょう。

❶最初はクリッカーを鳴らし、その瞬間に食餌をあげることを黙って何度も（10〜20回ぐらい）繰り返します。これで「**クリッカーの音＝おいしいものがもらえる**」と関連づけられます。このとき、たとえばクリッカーを左手にもち、食餌を右手からあげるとします。すると、ネコが食餌を握っている右手を見つめたり、なめたりするかもしれません。しかしトレーニングを続けるうち、ネコの注意が食餌を握った手ではなく、クリッカーをもっている手にい

クリッカーでネコをコントロールしよう

クリッカーは、ペットショップなどでさまざまな型のものが300円前後で販売されている。音が鳴れば、どんなタイプでもかまわない。音に敏感なネコ用に、音の大きさを調整できるクリッカーもある。手に入らない場合は、カチッと鳴るボールペンを使ったり、舌を上あごにあてて、はじいて鳴らすような感じで「ポン!」と鳴らしてもいい

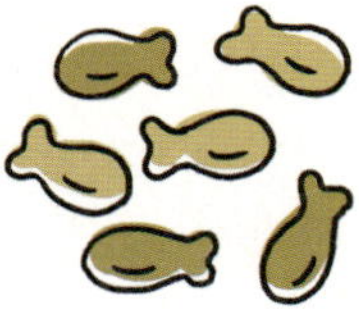

ネコが大好物の食餌（ドライフード）やおやつ。ネコの大好きな食べ物ならなんでもかまわないが、ネコのモチベーション（動機づけ）が上がる大好物でないと効果を期待できない。咬むのに時間がかからず、ひと口で食べられるような小さな粒状か小さく切ったもの（チーズなど）がいいだろう。使用する食餌やおやつの量は、1日の総量からかならず引く

くようになります。クリッカーが鳴るのを待ってから、食餌を握っている手を見るようになれば、ネコがクリッカーの音を理解し、「クリッカーの音」と「食餌」が、脳でしっかり関連づけられた証拠です。

❷次に、棒の先（最初は指先ならもっと簡単）を鼻でさわることを覚えさせたいとします。飼い主が棒とクリッカーを左手にもち、棒をネコの鼻先（10cmぐらい離す）にもっていきます。たいていのネコは、鼻先を棒に近づけます。**鼻先が棒の先にふれた瞬間**（1秒以内）に、タイミングよくクリッカーを鳴らし、食餌を与えます。これを何度も繰り返します。

❸ネコが「棒の先に鼻先をふれると食餌がもらえる」ことを理解してきたら、「**タッチ！**」という号令を取り入れます。ネコの鼻先が棒にふれた瞬間に、「タッチ！」といって、クリッカーを鳴らし、食餌を与えます。これ何回も繰り返すうちに、ネコは「タッチ！」の意味（棒の先にふれなさい）を理解します。

❹ネコが完全に号令を理解したら、クリッカーを鳴らす回数を減らしていきます。**不規則**（3回に1回、5回に1回と）にクリッカーを鳴らしたり、クリッカーをならさなくとも**号令**（タッチ！）でタッチすれば、ほめてやりましょう。「タッチ！」を覚えさせれば、ネコにふれることなくネコを誘導することもできます。たとえば、上がってはいけない場所から下ろすときなどです。

大事なのは、

- **クリッカーをならしたら、かならずごほうびを与える。怠れば、クリッカーの効用もなくなる**

クリッカートレーニングのやり方を知ろう

●クリッカーだけ
カチッ
効果なし…
しら〜ん
●クリッカーと餌
カチッ
効果あり!
①
棒
クリッカー
②
カチッ
③
もぐもぐ
タッチ　カチッ　エサ
おいしい♥
好物のエサ
ネコが理解してきたら「タッチ」という号令を取り入れる
タッチ

棒とクリッカーを左手にもつ。鼻先が棒にふれた瞬間にクリッカーを鳴らして食餌を与える。ネコが理解してきたら「タッチ!」という号令を取り入れる

・ネコの興味がなくなればそこでストップする。気を落とさず、翌日あらためてトライする。ネコが集中できるよう、1回のトレーニングは5分で十分

ということです。

なお、もっとくわしく知りたい方は、『猫のクリッカートレーニング』カレン・プライア／著、杉山尚子、鉾立久美子／訳（二瓶社、2006年）などを参考にするとよいでしょう。

6-5 フェロモンセラピー

62ページで解説したように、ネコはさまざまな体の分泌腺から特有のにおいがでるフェロモン（生化学物質）を分泌します。このフェロモンは、ネコがコミュニケーションをとるうえで大事な役割をはたしています。

なかでも、自分の顔をスリスリと物、ほかのネコ、人の足や手にこすりつけてくるときに、ほおの周囲の皮脂腺から分泌されるフェロモンは「フェイシャルフェロモン」と呼ばれます。このフェロモンはネコの情緒を安定させ、リラックスさせる効果があるといわれています。

フェイシャルフェロモンの成分は、現在F1からF5までの5種類が分離され、F2、F3、F4の3種類は、働きが明らかになっています。F3とF4は人工的につくられており、それぞれ「フェリウェイ」（F3）、「フェリフレンド」（F4）として製品化されています。

フェリウェイとフェリフレンドは、現在、残念ながら日本国内では扱われていません。しかし、個人輸入や購入代行・転送サービスなどを利用すれば、海外（米国、英国のAmazonなど）から購入することもできます。

F3は、テリトリーを主張する尿スプレーや爪とぎマーキングを抑制する効果があるとされています。フェリウェイを使用したネコは、尿スプレーや爪とぎマーキングが減少し、食欲や遊ぶ時間が増えたりするので、リラックス効果があるようです。このため、引っ越しなどで環境が変化した場合やストレスの多い環境でリラックス効果を期待できます。また、予測できる短期の不安状態で気分を落ち着ける効果があります。

たとえば、動物病院に行く前後のストレスを軽くしたり、車で移動するときの緊張をほぐし、移動中に吐いたりうんちをする頻度も減らしたりするなどです。F4は、ネコ同士、ネコとほかの動物、ネコと人との関係をより友好的にし、仲間として受け入れやすくする効果があるとされています。

以上のことから、フェリウェイは「**リラックスフェロモン**」、フェリフレンドは「**仲よしフェロモン**」とも呼ばれています。なお、フェリウェイやフェリフレンドの効果には、個体差が見られます。

フェリウェイは、コンセントに差し込む拡散器とスプレー式のリキッドがあります。尿スプレーへの対処時は、かならず尿スプレーされた箇所をきれいに掃除して、最後にアルコールでふき取り、アルコールが完全に蒸発してからフェリウェイを直接スプレーします。**使用法を間違えると、尿スプレー行為が悪化することもある**ので注意してください。

マーキング防止のためにも、尿スプレーしそうな場所にも1日1回フェリウェイをスプレーします。家具などをひっかく場合も、同様にひっかく場所にスプレーします。すぐに効果は見られなくても30日ほど続けることで、効果がでることもあります。なお、フェリウェイをスプレーするときは、ネコをその部屋からだし、完全に乾いてから(15分ぐらい経ってから)ネコを入れるようにしましょう。

複数のネコを飼っている場合は、尿スプレーの場合、フェリウェイを1日に2～3回スプレーするか、尿スプレーをする部屋に拡散器を取りつけます。行動範囲が70m²以内の場合、効果は約4週間持続します。拡散器とスプレー状のリキッドを併用することもできます。

また、移動用のキャリーバッグの内部へ、移動の約20分前に

フェリウェイやフェリフレンドを試すといい場合

フェリウェイは以下のようなときに使う
→尿スプレーをやめさせたいとき
→不適切な場所での爪とぎをやめさせたいとき
→環境の変化によるストレスを軽減したいとき
→多頭飼いが原因のストレスを軽減したいとき
→移動時のストレス（不安）を軽減したいとき

フェリフレンドは以下のようなときに使う
→新しいネコやほかの動物を迎えるとき
→ネコの世話（ブラッシングや爪切り）をするときなど

直接スプレーしたり、引っ越しなどの大きな環境の変化によるストレスや、多頭飼いのストレスを軽減するため、ネコがよく過ごす部屋に拡散器を取りつけて使います。

コンセントに入れるタイプは手軽だ

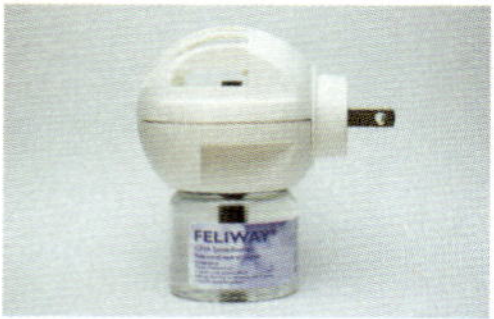

フェリウェイでいい気持ちになるネコもいる

フェリフレンドは、新しいネコを家に迎え入れるなどに、ネコや人間に対して使用します。自分の手の平に、ネコから離れた場所で両手に2回ずつ直接スプレーします。手や手首を十分にこすり合わせたあと、ネコから約20cmほど離れたところに手をかざし、約1分ほど待って様子を見ながらネコにふれましょう。

まれに、においに攻撃的な態度を見せるネコもいるので、様子を見ながらふれてください。場合によっては中断することも必要です。ブラッシングなどネコの世話をする必要がある人も同じように使えます。

先住ネコに新しいネコや動物を紹介するときも、新しいネコの体にフェリフレンドを使います。この場合も決してネコに直接スプレーせず、**かならず自分の手にスプレーしてから、その手でネコの体につけてください**。フェリフレンドと、ストレスを軽減する前述のフェリウェイ拡散器を併用することもできます。

6-6 薬物治療

第2～5章で解説してきたネコの問題行動は、ほとんどの場合、環境の改善、行動療法で解決します。とはいえ、人間の精神疾患に用いられる抗うつ剤や抗不安剤などは、ペットの問題行動を治療するときにも効くことが、近年さまざまな研究結果から明らかになっています。知識として知っていても損ではないので解説します。

ネコの問題行動や異常行動は、個体の遺伝的な要素や、脳内の神経伝達物質の伝達障害などの場合、いくら飼い主が理想的な環境を整え、一所懸命に努力しても、思うような効果を得られないことがあります。たとえば、常同行動（171ページ参照）、過度の不安症などです。

長期にわたってネコに緊張や不安な状態が続けば、体調にも悪影響をおよぼします。身体疾患につながったり、いずれはネコにとっても飼い主にとっても日常生活に支障をきたすことになりかねません。**効果が期待できるなら、一定の期間、薬物治療も対処法の選択肢の１つとして考慮すべき**でしょう。

ネコを含めたすべての哺乳動物は、さまざまな刺激を感覚受容器官（目、耳、鼻など）で吸収します。この刺激は、神経細胞の先端から神経伝達物質を放出して次の神経細胞へとシグナルを伝えることで、情報として伝わっていきます。神経細胞は、脳の扁桃体を中心とする大脳辺縁系にたくさんあります。この結果、不安、喜び、悲しみ、怒りなどといった感情（情動）や思考過程が行動に現れます。

神経伝達物質（セロトニン、ノルアドレナリン、ドーパミン、

GABAなど）は、不足しても過剰に放出されても、不都合がでてきます。抗うつ剤や抗不安剤で、脳の神経細胞間の神経伝達物質の量をうまく調節し、感情、思考過程、記憶や学習過程に働きかけることで問題行動の治療に効果が見られることもあります。

しかし、薬物治療は、あくまでも環境の改善や行動療法と併用し、補助的に取り入れます。ネコの不安をやわらげ、思考過程や学習する能力を妨げない状態をつくることが目的であり、決して「薬の力でネコを静かにさせよう」という目的ではありません。

ネコの緊張がほぐれれば、飼い主自身もリラックスした態度でネコに接することができ、それが問題解決を早めることにもつながります。薬だけの治療法は、**薬をやめるとほとんど再発することになる**ので、あまり意味がありません。

人用の薬を流用

この分野で使用されている薬は、ペット用として開発された薬ではなく、ほとんどが人間用に処方されているものです。同じ症状を示しても個々のネコによって薬の効果や副作用に差が見られます。獣医師は、ネコの年齢や健康状態も考慮し、薬の投与量、投与期間を飼い主と密接に相談しながら慎重にコントロールしていきます。

薬によっては、効果が見られるまで長期の投与が必要だったり、組み合わせてはいけない薬もあります。また、薬を飲ませること自体がネコや飼い主にとってのストレスになっては、もともこもありません。専門知識のある獣医師に正しい診断をしてもらい、飲ませ方や副作用をしっかり説明してもらうことが大切です。

ドイツでは、**ベンゾジアゼピン系の薬など即効性の抗不安剤**は、旅行時のストレスをやわらげたり、予測できる短期の不安状態

3種類の神経伝達物質のおもな役割と薬の働き

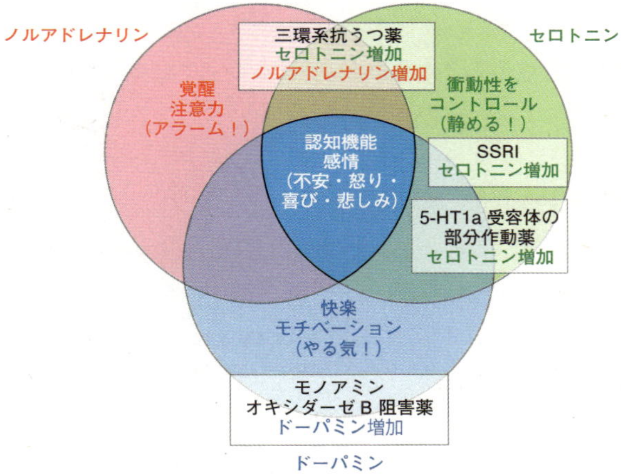
ノルアドレナリン
セロトニン
ドーパミン
三環系抗うつ薬
セロトニン増加
ノルアドレナリン増加
覚醒
注意力
（アラーム！）
衝動性を
コントロール
（静める！）
認知機能
感情
（不安・怒り・
喜び・悲しみ）
SSRI
セロトニン増加
5-HT1a 受容体の
部分作動薬
セロトニン増加
快楽
モチベーション
（やる気！）
モノアミン
オキシダーゼ B 阻害薬
ドーパミン増加

神経伝達物質の量は、相互のバランスが大事。
多すぎても少なすぎても不都合がでる

（雷、大晦日の花火の音、動物病院への通院など）をやわらげるときにのみ使用されています。古くから使用されているベンゾジアゼピン系の薬は、抑制性神経伝達物質GABAの作用に働きかけ、鎮静効果があります。

その後、セロトニンおよびノルアドレナリンに作用する「**クロミプラミン**」が、不安をやわらげる薬としてネコにも処方されるようになりました。クロミプラミンはドイツでも初めて、イヌの問題行動（分離不安）に対しての治療薬として許可がおりた薬です。

現在は、「**フルオキセチン**」や「**フルボキサミン**」が、ネコのさまざまな問題行動の治療に積極的に処方されています。これらの薬は、セロトニンのみに作用することで、従来の抗うつ薬に比べ副作用が少なく、特にネコには、薬が苦く飲ませにくいクロミプラミンよりも飲ませやすいという利点があるからです。

同様にセロトニンに作用する「**ブスピロン**」は、比較的新しい抗不安剤です。また「**セリギリン**」は、ドーパミンの作用に働きかけ、高齢のネコの認知機能障害の症状（158ページ）に効果が見られます。

ネコの問題行動に使われるおもな薬

薬のグループ	薬の一般名	使用例
三環系抗うつ薬	クロミプラミン アミトリプチリン	（不安や特発性膀胱炎が原因の）尿スプレー、分離不安、常同行動（心因性の過剰グルーミングや知覚過敏症など）
選択的セロトニン再取り込み阻害薬SSRI	フルオキセチン フルボキサミン	（不安が原因の）尿スプレー、（不安が原因の）攻撃行動、不安症、常同行動（心因性の過剰グルーミングや知覚過敏症など）
モノアミンオキシダーゼB阻害薬	セレギリン	認知機能障害（高齢ネコの夜鳴きなど）
5-HT1a受容体の部分作動薬	ブスピロン	（不安が原因の）尿スプレー、不安症
ベンゾジアゼピン系薬	オキサゼパム アルプラゾラム	予測できる短期の不安やパニック状態（花火や雷の音、車での移動時など）
抗てんかん薬 バルビツール酸誘導体	フェノバービタル	常同行動（知覚過敏症）

また、薬ではありませんがセロトニンの前駆体（前の段階の物質）である**アミノ酸L-トリプトファン**を配合したサプリメントは、ストレスをやわらげるのに効果がある場合もあります。

また2007年には、アルファ－S1 トリプシン カゼインというミクペプチドを含むペット用のサプリメント「**ジルケーン**（Zylkene）」が、ネコやイヌに抗不安効果があるという報告もあります。アルファ－S1 トリプシン カゼインは、GABA－レセプターに働きかけ、ベンゾジアゼピン系の薬と似たような効果があるといわれています。サプリメントは、かかりつけの獣医師に相談するといいでしょう。

抗不安効果を期待できるジルケーン

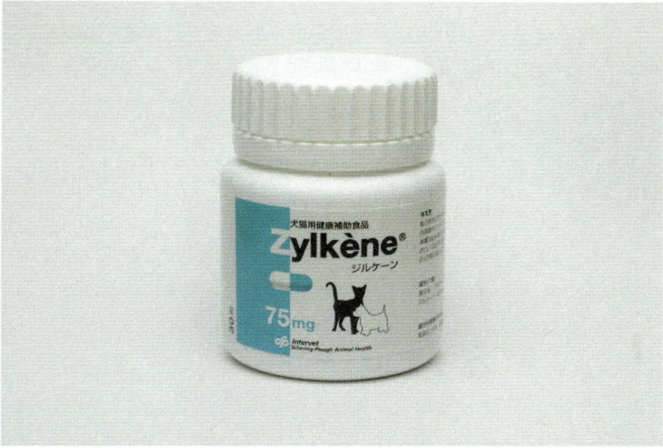

イヌネコ用健康補助食品「ジルケーン」。かかりつけの獣医師に日本での発売元であるインターベットへ問い合わせてもらうのもいいだろう
http：//www.msd-animal-health.jp/products/zylkene/introduction.aspx#0

COLUMN

ドイツの獣医師事情

ドイツの約68％の獣医師は、開業医や勤務医などの臨床獣医師です。このうちネコ・イヌなどの小動物のみを診療する獣医師は約半数です。あとの半数は馬や牛・豚・鶏などの産業動物と小動物の混合診療、または産業動物のみの診療に携わっています。これは、平均すると年間1人あたり60kg（うち豚肉39kg）の肉を消費する、肉食文化の国ドイツを反映しているといえます。

ドイツの獣医学部はここ何年か女子学生が圧倒的に多く、全体の85％以上を占めます。しかし現在、獣医師として在職中の女性は約半数です。最近は、3～5年の研修のあと試験にのぞみ、専門分野の資格を手に入れる獣医師も増えています。小動物、馬、鳥、爬虫類、魚など、その診療対象動物の専門分野だけでなく、外科、内科、麻酔科、眼科、歯科、皮膚科、心臓科、寄生虫専門、さらには、ホメオパシー、鍼療法、問題行動治療など、その専門分野の種類はなんと約50にもおよびます。

獣医療は日々進歩し、治療法も人と変わらないほどに多様化しています。1人の獣医師が、すべての問題に対処するには無理があります。そんなときは、患者（動物）を、専門の知識をもった獣医師に紹介し合います。そうすれば患者（動物）は万全な治療を受けられるので、飼い主も安心です。

診察料は、どんな診察、検査や治療をすればいくらぐらいになるかという基本料金（最低料金）が法律でかなり詳細に決められており、この料金表は一般に公表されていて誰でも見ることができます。獣医師は、動物病院の場所や設備、自分の技術や経験などを考慮して、最低料金以上、また最高料金（＝最低料金×3）以下の範囲内で、治療費を請求するように決められています。

《参考文献》

『Feline Behavior : A Guide for Veterinarians』 Bonnie V. Beaver/著（Saunders, 2nd edition、2003年）

『Manual of Canine and Feline Behavioural Medicine』 Debra F. Horwitz & Daniel S. Mills/著（BSAVA, 2nd edition、2009年）

『Veterinary Clinics of North America : Small Animal Practice Volume 33, Issue 2』 Katherine A. Houpt & Vint Virga/著（Elsevier、2003年）

『Handbook of Behavior Problems of the Dog and Cat』 Gary Landsberg, Wayne Hunthausen & Lowell Ackerman/著（Saunders, 2nd edition、2003年）

『Veterinary Clinics of North America : Small Animal Practice Volume 38, Issue 5』 Gary M. Landsberg & Debra F. Horwitz/著（Elsevier、2008年）

『Katzen - eine Verhaltenskunde』 Paul Leyhausen/著（Paul Parey、1979年）

『Clinical Behavioral Medicine for Small Animals』 Karen Overall/著（Mosby、1997年）

『Getting Started : Clicker Training for Cats』 Karen Pryor/著（Sunshine Books、2001年）

『Miez Miez - na komm ! Artgerechte Katzenhaltung in der Wohnung』 Sabine Schroll/著（Videel、2001年）

『Verhaltensmedizin bei der Katze』 Sabine Schroll & Joel Dehasse/著（Enke、2004年）

『The Domestic Cat : The Biology of its Behaviour』 Dennis C. Turner & Patrick Bateson/著（Cambridge University Press, 2nd edition、2000年）

※そのほか、多くの研究論文や文献を参考にしています。

《フォント協力》

KF STUDIO（http://www.kfstudio.net/）

校正

曽根信寿

協力

ウスキ動物病院

索　引

サイエンス・アイ新書　シリーズラインナップ

科学

232	銃の科学	かのよしのり
222	X線が拓く科学の世界	平山令明
217	BASIC800クイズで学ぶ！　理系英文	佐藤洋一
212	花火のふしぎ	冴木一馬
206	知っておきたい放射能の基礎知識	齋藤勝裕
204	せんいの科学	山﨑義一・佐藤哲也
203	次元とはなにか	新海裕美子／ハインツ・ホライス／矢沢 潔
202	上達の技術	児玉光雄
189	BASIC800で書ける！　理系英文	佐藤洋一
175	知っておきたいエネルギーの基礎知識	齋藤勝裕
165	アインシュタインと猿	竹内 薫・原田章夫
153	マンガでわかる菌のふしぎ	中西貴之
149	知っておきたい有害物質の疑問100	齋藤勝裕
146	理科力をきたえるQ&A	佐藤勝昭
135	地衣類のふしぎ	柏谷博之
132	不可思議現象の科学	久我羅内
106	科学ニュースがみるみるわかる最新キーワード800	細川博昭
081	科学理論ハンドブック50＜宇宙・地球・生物編＞	大宮信光
080	科学理論ハンドブック50＜物理・化学編＞	大宮信光
073	家族で楽しむおもしろ科学実験	サイエンスプラス/尾嶋好美
066	知っておきたい単位の知識200	伊藤幸夫・寒川陽美
053	天才の発想力	新戸雅章
037	繊維のふしぎと面白科学	山﨑義一
036	始まりの科学	矢沢サイエンスオフィス/編著
033	プリンに醤油でウニになる	都甲 潔
013	理工系の“ひらめき”を鍛える	児玉光雄

数学	230	マンガでわかる統計学	大上丈彦/著、メダカカレッジ/監修
	219	マンガでわかる幾何	岡部恒治・本丸 諒
	195	マンガでわかる複雑ネットワーク	右田正夫・今野紀雄
	109	マンガでわかる統計入門	今野紀雄
	108	マンガでわかる確率入門	野口哲典
	067	数字のウソを見抜く	野口哲典
	065	うそつきは得をするのか	生天目 章
	061	楽しく学ぶ数学の基礎	星田直彦
	055	計算力を強化する鶴亀トレーニング	鹿持 渉/著、メダカカレッジ/監修
	049	人に教えたくなる数学	根上生也
	047	マンガでわかる微分積分	石山たいら・大上丈彦/著、メダカカレッジ/監修
	014	数学的センスを身につける練習帳	野口哲典
	002	知ってトクする確率の知識	野口哲典
物理	226	格闘技の科学	吉福康郎
	214	対称性とはなにか	広瀬立成
	209	カラー図解でわかる科学的アプローチ＆パットの極意	大槻義彦
	201	日常の疑問を物理で解き明かす	原 康夫・右近修治
	174	マンガでわかる相対性理論	新堂 進/著、二間瀬敏史/監修
	147	ビックリするほど素粒子がわかる本	江尻宏泰
	113	おもしろ実験と科学史で知る物理のキホン	渡辺儀輝
	112	カラー図解でわかる 科学的ゴルフの極意	大槻義彦
	102	原子(アトム)への不思議な旅	三田誠広
	077	電気と磁気のふしぎな世界	TDKテクマグ編集部
	076	カラー図解でわかる光と色のしくみ	福江 純・粟野諭美・田島由起子
	051	大人のやりなおし中学物理	左巻健男
	020	サイエンス夜話　不思議な科学の世界を語り明かす	竹内薫・原田章夫

サイエンス・アイ新書　シリーズラインナップ

化学	234	周期表に強くなる！	齋藤勝裕
	229	マンガでわかる元素118	齋藤勝裕
	193	知っておきたい有機化合物の働き	齋藤勝裕
	185	基礎から学ぶ化学熱力学	齋藤勝裕
	136	マンガでわかる有機化学	齋藤勝裕
	107	レアメタルのふしぎ	齋藤勝裕
	092	毒と薬のひみつ	齋藤勝裕
	074	図解でわかるプラスチック	澤田和弘
	069	金属のふしぎ	齋藤勝裕
	056	地球にやさしい石けん・洗剤ものしり事典	大矢 勝
	052	大人のやりおなし中学化学	左巻健男
植物	215	うまい雑草、ヤバイ野草	森 昭彦
	179	キノコの魅力と不思議	小宮山勝司
	163	身近な野の花のふしぎ	森 昭彦
	133	花のふしぎ100	田中 修
	114	身近な雑草のふしぎ	森 昭彦
	062	葉っぱのふしぎ	田中 修
植物 動物	196	大人のやりなおし中学生物	左巻健男・左巻恵美子
動物	208	海に暮らす無脊椎動物のふしぎ	中野理枝/著、広瀬裕一/監修
	190	釣りはこんなにサイエンス	高木道郎
	166	ミツバチは本当に消えたか？	越中矢住子
	164	身近な鳥のふしぎ	細川博昭
	159	ガラパゴスのふしぎ	NPO法人日本ガラパゴスの会
	152	大量絶滅がもたらす進化	金子隆一
	141	みんなが知りたいペンギンの秘密	細川博昭
	138	生態系のふしぎ	児玉浩憲

サイエンス・アイ新書　シリーズラインナップ

199	不眠症の科学	坪田 聡
178	よみがえる脳	生田 哲
156	アレルギーのふしぎ	永倉俊和
129	血液のふしぎ	奈良信雄
097	脳は食事でよみがえる	生田 哲
096	歯と歯ぐきを守る新常識	河田克之
091	殺人ウイルスの謎に迫る！	畑中正一
046	健康の新常識100	岡田正彦
019	がんの仕組みを読み解く	多田光宏
011	やさしく学ぶ免疫システム	松尾和浩

人体

228	科学でわかる男と女になるしくみ	麻生一枝
213	マンガでわかる神経伝達物質の働き	野口哲典
158	身体に必要なミネラルの基礎知識	野口哲典
157	科学でわかる男と女の心と脳	麻生一枝
151	DNA誕生の謎に迫る！	武村政春
120	あと5kgがやせられないヒトのダイエットの疑問50	岡田正彦
100	マンガでわかる記憶力の鍛え方	児玉光雄
098	マンガでわかる香りとフェロモンの疑問50	外崎肇一・越中矢住子
089	眠りと夢のメカニズム	堀 忠雄
082	図解でわかる からだの仕組みと働きの謎	竹内修二
071	自転車でやせるワケ	松本 整
059	その食べ方が死を招く	healthクリック/編
058	みんなが知りたい男と女のカラダの秘密	野口哲典
057	タテジマ飼育のネコはヨコジマが見えない	高木雅行
054	スポーツ科学から見たトップアスリートの強さの秘密	児玉光雄
029	行動はどこまで遺伝するか	山元大輔

サイエンス・アイ新書　シリーズラインナップ

分野	番号	書名	著者
心理	233	ビックリするほどよくわかる記憶のふしぎ	榎本博明
	188	マンガでわかる人間関係の心理学	ポーポー・ポロダクション
	137	マンガでわかる恋愛心理学	ポーポー・ポロダクション
	104	デザインを科学する	ポーポー・ポロダクション
	070	マンガでわかる心理学	ポーポー・ポロダクション
	043	マンガでわかる色のおもしろ心理学2	ポーポー・ポロダクション
	007	マンガでわかる色のおもしろ心理学	ポーポー・ポロダクション
論理	220	論理的に考える技術＜新版＞	村山涼一
	171	論理的に説明する技術	福澤一吉
	155	論理的に話す技術	山本昭生/著、福田 健/監修
	103	論理的にプレゼンする技術	平林 純
	040	科学的に説明する技術	福澤一吉
工学	176	知っておきたい太陽電池の基礎知識	齋藤勝裕
	162	みんなが知りたい超高層ビルの秘密	尾島俊雄・小林昌一・小林紳也
	161	みんなが知りたい地下の秘密	地下空間普及研究会
	119	暮らしを支える「ねじ」のひみつ	門田和雄
	105	カラー図解でわかる 大画面・薄型ディスプレイの疑問100	西久保靖彦
	086	巨大高層建築の謎	高橋俊介
	079	基礎から学ぶ機械工学	門田和雄
	048	キカイはどこまで人の代わりができるか?	井上猛雄
	031	心はプログラムできるか	有田隆也
	017	燃料電池と水素エネルギー	槌屋治紀
	012	基礎からわかるナノテクノロジー	西山喜代司
	008	進化する電池の仕組み	箕浦秀樹
	006	透明金属が拓く驚異の世界	細野秀雄・神谷利夫

乗物

227	ボーイング787まるごと解説	秋本俊二
221	災害で活躍する乗物たち	柿谷哲也
211	世界の傑作旅客機50	嶋田久典
210	第5世代戦闘機F-35の凄さに迫る！	青木謙知
200	世界の傑作戦車50	毒島刀也
192	カラー図解でわかるジェット旅客機の操縦	中村寛治
191	世界最強！　アメリカ空軍のすべて	青木謙知
181	知られざる空母の秘密	柿谷哲也
180	自衛隊戦闘機はどれだけ強いのか？	青木謙知
177	みんなが知りたい船の疑問100	池田良穂
172	新幹線の科学	梅原 淳
170	ボーイング777機長まるごと体験	秋本俊二
154	F1テクノロジーの最前線＜2010年版＞	檜垣和夫
150	カラー図解でわかるジェット旅客機の秘密	中村寛治
148	ジェット戦闘機 最強50	青木謙知
145	カラー図解でわかるクルマのハイテク	高根英幸
144	みんなが知りたい空港の疑問50	秋本俊二
142	AH-64 アパッチはなぜ最強といわれるのか	坪田敦史
140	カラー図解でわかるバイクのしくみ	市川克彦
134	ボーイング787はいかにつくられたか	青木謙知
130	M1エイブラムスはなぜ最強といわれるのか	毒島刀也
126	イージス艦はなぜ最強の盾といわれるのか	柿谷哲也
117	ヘリコプターの最新知識	坪田敦史
094	もっと知りたい旅客機の疑問50	秋本俊二
093	F-22はなぜ最強といわれるのか	青木謙知
090	船の最新知識	池田良穂

サイエンス・アイ新書　シリーズラインナップ

	060	エアバスA380まるごと解説	秋本俊二
	035	みんなが知りたい旅客機の疑問50	秋本俊二
	030	カラー図解でわかるクルマのしくみ	市川克彦
IT・PC	187	iPhone 4&iPad最新テクノロジー	林 利明・小原裕太
	160	ビックリするほど役立つ!!　理工系のフリーソフト50	大崎 誠・林 利明・小原裕太・金子雄太
	128	あと1年使うためのパソコン強化術	ピーシークラブ
	116	デジタル一眼レフで撮る鉄道撮影術入門	青木英夫
	115	デジタル一眼レフで撮る四季のネイチャーフォト	海野和男
	095	＜図解＆シム＞真空管回路の基礎のキソ	米田 聡
	026	いまさら聞けないパソコン活用術	大崎 誠
	022	プログラムのからくりを解く	高橋麻奈
	021	＜図解＆シム＞電子回路の基礎のキソ	米田 聡
	018	進化するケータイの科学	山路達也
	016	怠け者のためのパソコンセキュリティ	岩谷 宏
	015	あなたはコンピュータを理解していますか？	梅津信幸
	009	理工系のネット検索術100	田中拓也・芦刈いづみ・飯富崇生
	005	パソコンネットワークの仕組み	三谷直之・米田 聡
食品	183	科学でわかる魚の目利き	成瀬宇平
	169	うまいウイスキーの科学	吉村宗之
	168	うまいビールの科学	キリンビール広報部 山本武司
	167	水と体の健康学	藤田紘一郎
	143	酒とつまみの科学	成瀬宇平
	099	みんなが気になる食の安全55の疑問	垣田達哉
	045	うまい酒の科学	独立行政法人 酒類総合研究所

〈シリーズラインナップは2012年2月時点のものです〉

サイエンス・アイ新書 発刊のことば

science・i

「科学の世紀」の羅針盤

20世紀に生まれた広域ネットワークとコンピュータサイエンスによって、科学技術は目を見張るほど発展し、高度情報化社会が訪れました。いまや科学は私たちの暮らしに身近なものとなり、それなくしては成り立たないほど強い影響力を持っているといえるでしょう。

『サイエンス・アイ新書』は、この「科学の世紀」と呼ぶにふさわしい21世紀の羅針盤を目指して創刊しました。情報通信と科学分野における革新的な発明や発見を誰にでも理解できるように、基本の原理や仕組みのところから図解を交えてわかりやすく解説します。科学技術に関心のある高校生や大学生、社会人にとって、サイエンス・アイ新書は科学的な視点で物事をとらえる機会になるだけでなく、論理的な思考法を学ぶ機会にもなることでしょう。もちろん、宇宙の歴史から生物の遺伝子の働きまで、複雑な自然科学の謎も単純な法則で明快に理解できるようになります。

一般教養を高めることはもちろん、科学の世界へ飛び立つためのガイドとしてサイエンス・アイ新書シリーズを役立てていただければ、それに勝る喜びはありません。21世紀を賢く生きるための科学の力をサイエンス・アイ新書で培っていただけると信じています。

2006年10月

※サイエンス・アイ（Science i）は、21世紀の科学を支える情報（Information）、知識（Intelligence）、革新（Innovation）を表現する「i」からネーミングされています。

SoftBank Creative

science·i

サイエンス・アイ新書

SIS-237

http://sciencei.sbcr.jp/

ネコの「困《こま》った!」を解決《かいけつ》する
むやみにひっかくのを止《と》めるには? 尿《にょう》スプレーをやめさせる方法《ほうほう》は?

2012年3月25日　初版第1刷発行

著　　者　壱岐田鶴子《いきたづこ》
発 行 者　新田光敏
発 行 所　ソフトバンク クリエイティブ株式会社
〒106-0032　東京都港区六本木2-4-5
編集：科学書籍編集部
03(5549)1138
営業：03(5549)1201
装丁・組版　株式会社ビーワークス
印刷・製本　図書印刷株式会社

 ISBN 978-4-7973-6199-5

SoftBank Creative